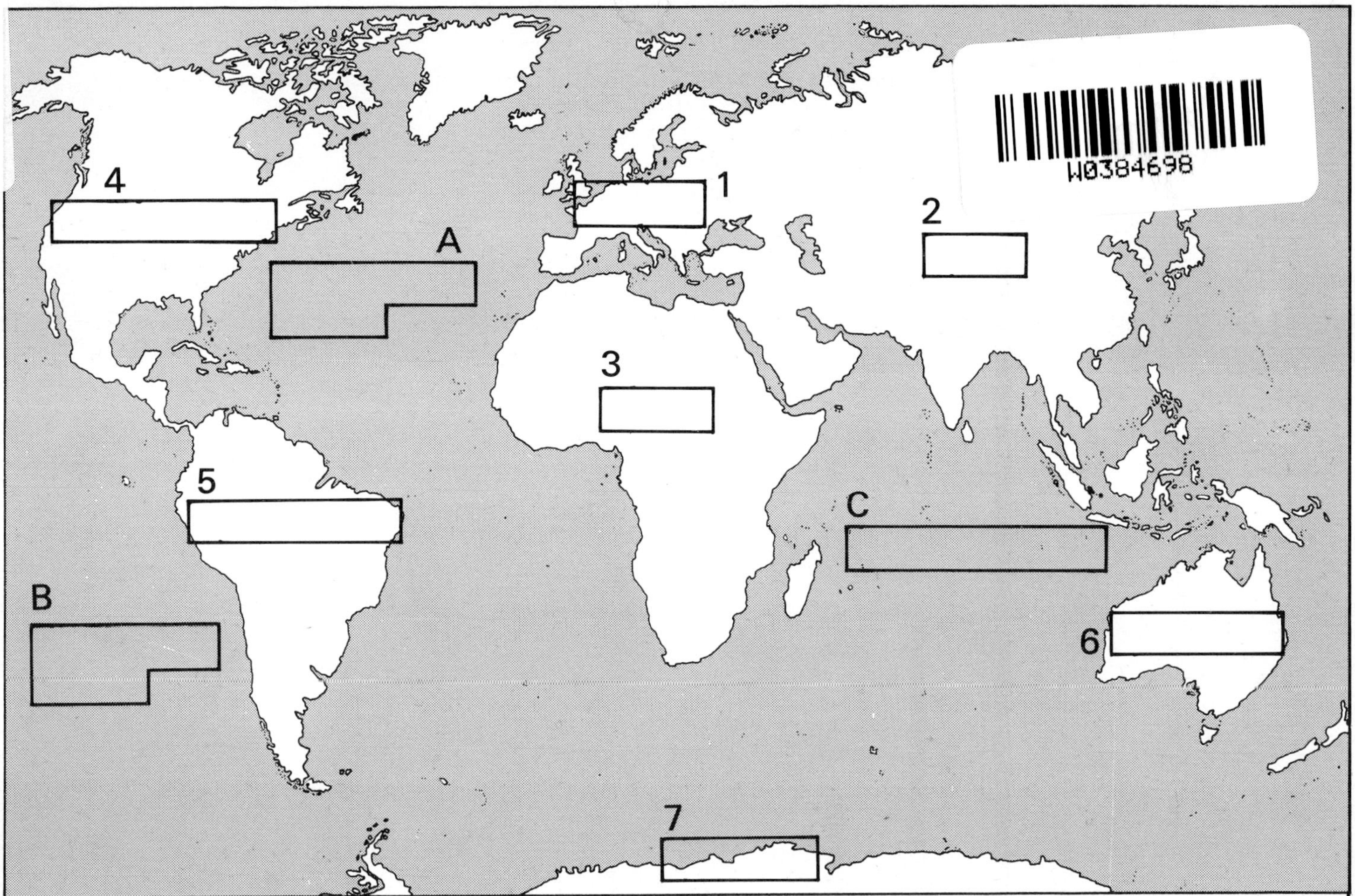




## Kontinente (Erdteile) und Ozeane (Weltmeere)

**1** * a) Trage die Namen der Kontinente und Ozeane in die Weltkarte ein.
b) In welcher Reihenfolge sind die Kontinente in deinem Atlas aufgeführt? Schau im Inhaltsverzeichnis nach.

**2** * a) Welches der drei Diagramme stellt die Verteilung von Land und Wasser richtig dar? (Vergleiche hierzu nachstehende Tabelle.)

| **Kontinente** | Fläche in km² | **Ozeane** | Fläche in km² |
|---|---|---|---|
| Afrika | 30 000 000 | Atlantischer Ozean | 106 000 000 |
| Antarktis | 14 000 000 | | |
| Asien | 44 000 000 | Indischer Ozean | 75 000 000 |
| Australien | 9 000 000 | | |
| Europa | 10 000 000 | Pazifischer Ozean | 180 000 000 |
| Nordamerika | 24 000 000 | | |
| Südamerika | 18 000 000 | | |
| Landfläche insgesamt | 149 000 000 | Wasserfläche insgesamt | 361 000 000 |
| Erdoberfläche insgesamt | 510 000 000 | | |

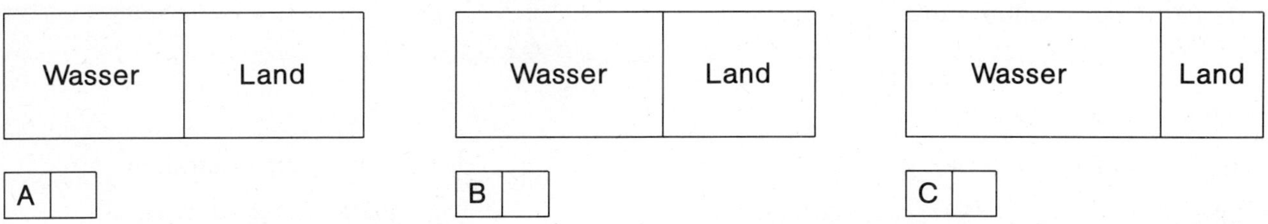

* b) Die Säulen veranschaulichen die Größe der Kontinente und Ozeane. Schreibe zu jeder Säule den richtigen Namen.

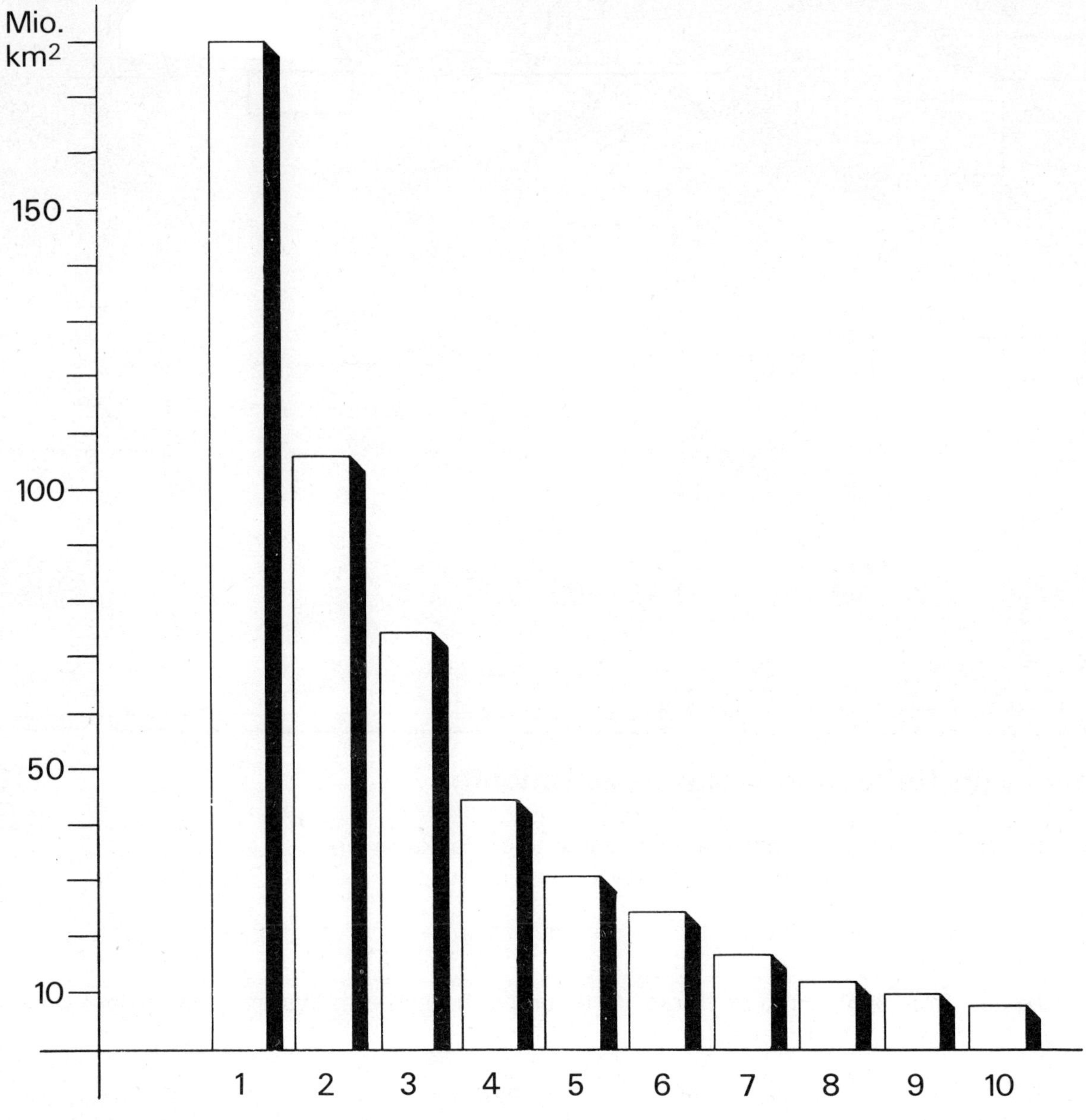


**3** Fülle die Lücken aus, indem du eine der folgenden Zahlen einsetzt: 2, 3, 3, 4, 7, 10, 18.

* a) Man unterscheidet ___ Kontinente und ___ Ozeane.
* b) Die Wasserfläche ist mehr als ___mal so groß wie die Landfläche.
* c) Der Pazifische Ozean ist fast ___mal größer als Europa.
* d) Der Atlantische Ozean ist etwa ___mal größer als Europa.
* e) Asien ist mehr als ___mal größer als Europa.
* f) Afrika ist ___mal größer als Europa.

**4** Fülle die Lücken aus:

* a) Der größte Kontinent ist __________. Der __________ Kontinent ist Australien.
* b) Der __________ ist der größte Ozean. Er ist __________ als alle Kontinente zusammen.

**5** * a) Hier siehst du die Halbkugel der Erde mit der größten Landfläche. Trage die Namen der Ozeane und Kontinente ein.

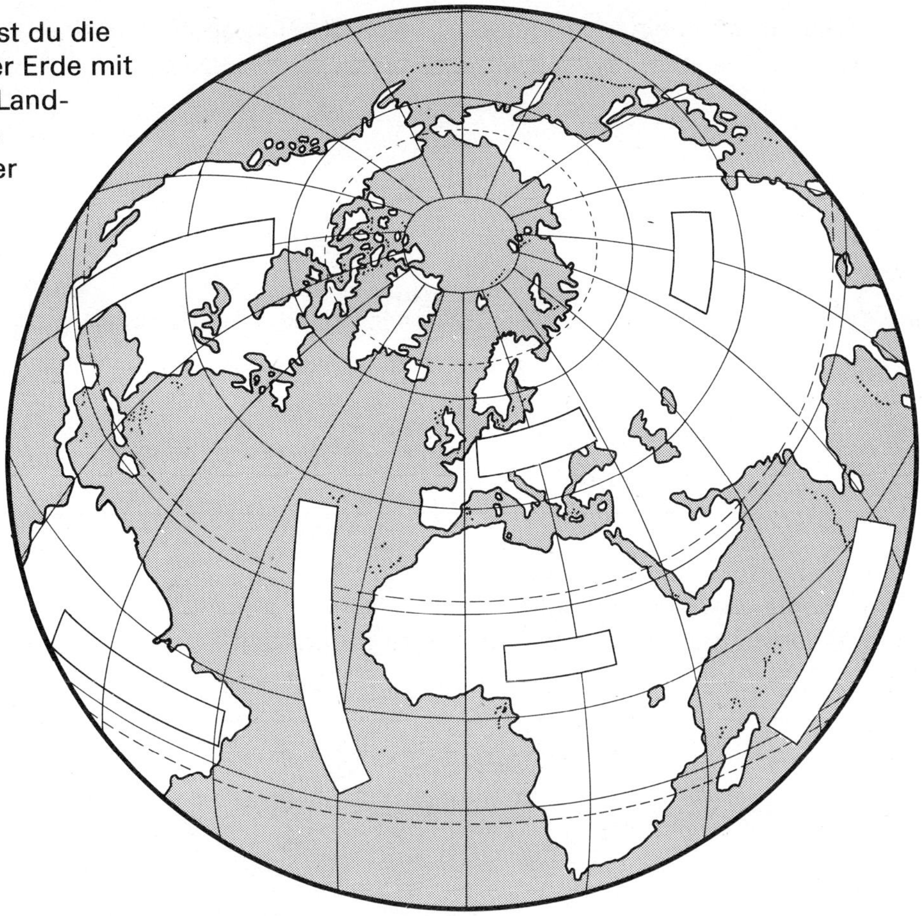

* b) Diese Sicht auf die Erde zeigt die Halbkugel mit der größten Wassermasse. Setze auch hier die Namen der Ozeane und Kontinente ein.

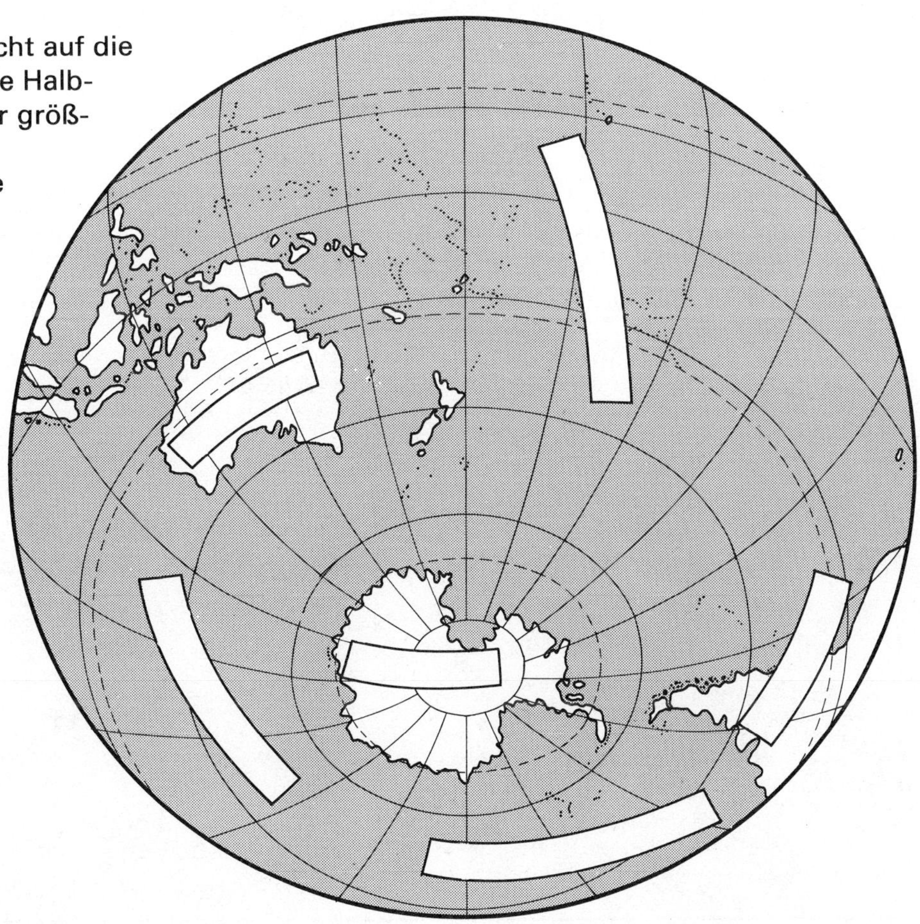

**6** * Hier sind die Kontinente durcheinander geraten. Trage die Namen der Kontinente ein.

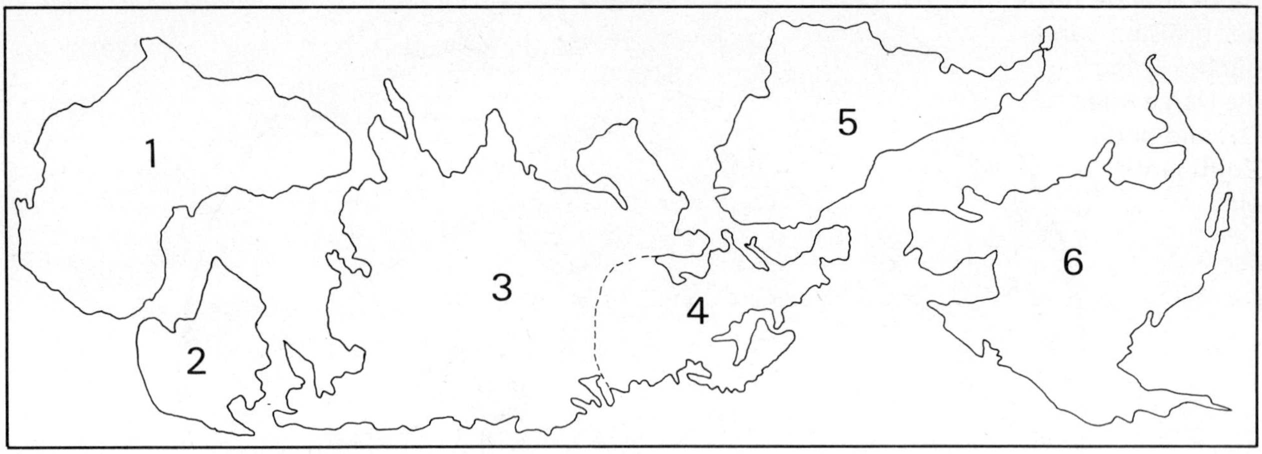


**7** * Jetzt stimmt auch der Maßstab nicht mehr.
Versuche, die Kontinente wiederzuerkennen.
Drei große Inseln haben sich eingeschmuggelt. Sie sind natürlich keine Kontinente. Hast du sie herausgefunden?

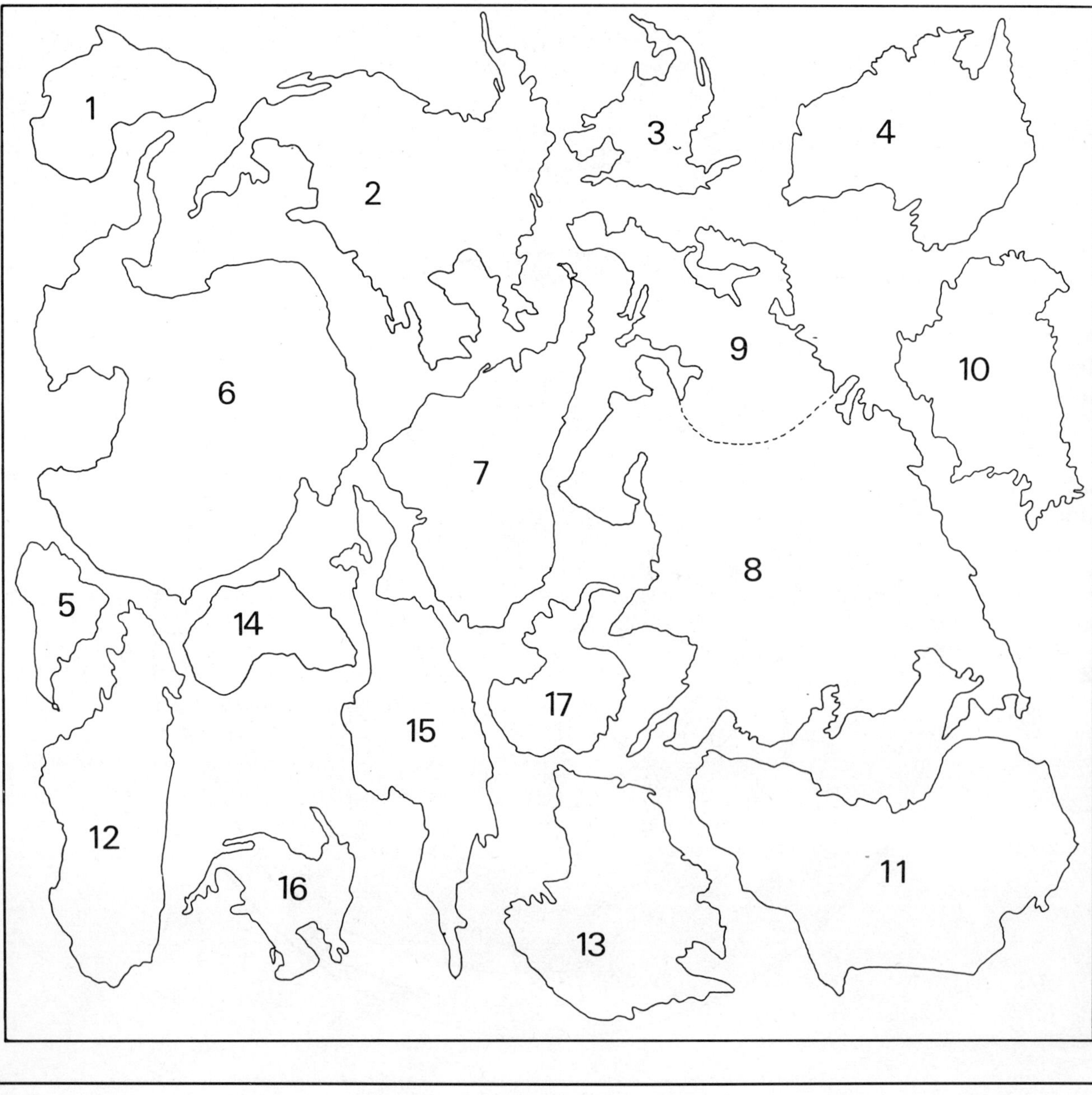

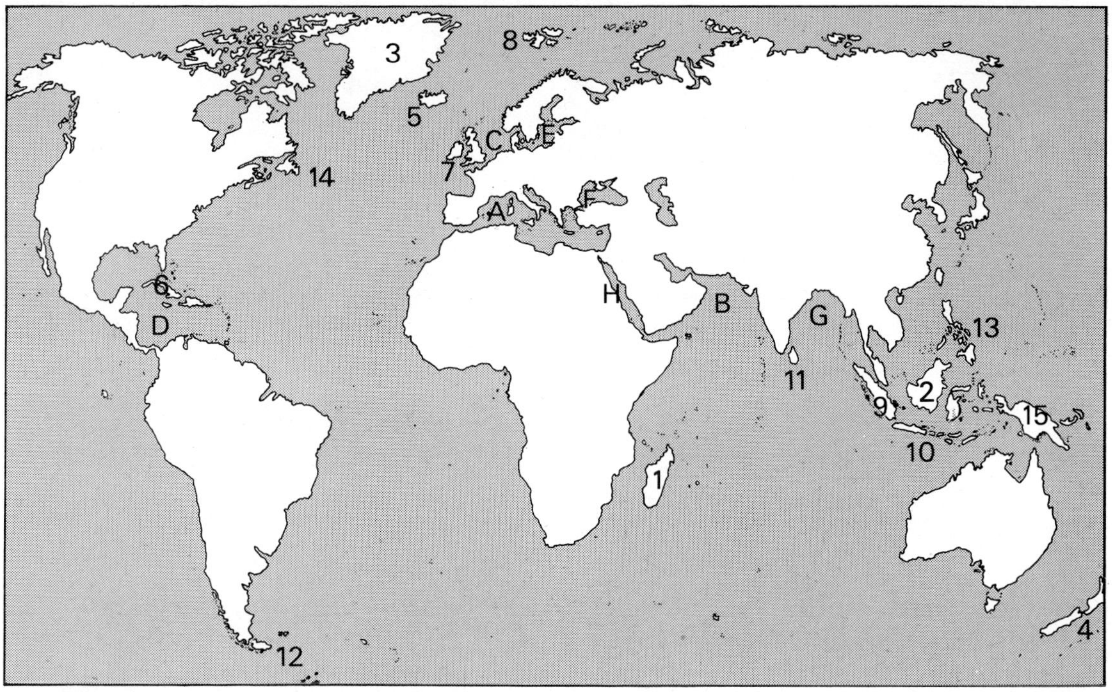


## Meere, Inseln und Inselgruppen

**8** * a) Trage die Namen der mit A–H bezeichneten Meere ein. Das Lösungswort nennt eine Gefahr der Schiffahrt.

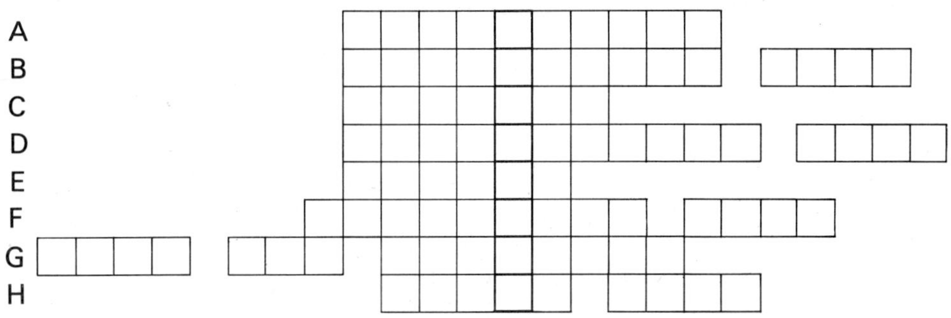


* b) Trage die Namen der mit 1–15 bezeichneten Inseln und Inselgruppen ein. Beachte, daß statt ö hier „OE" geschrieben werden muß. Das Lösungswort nennt die größte europäische Insel.

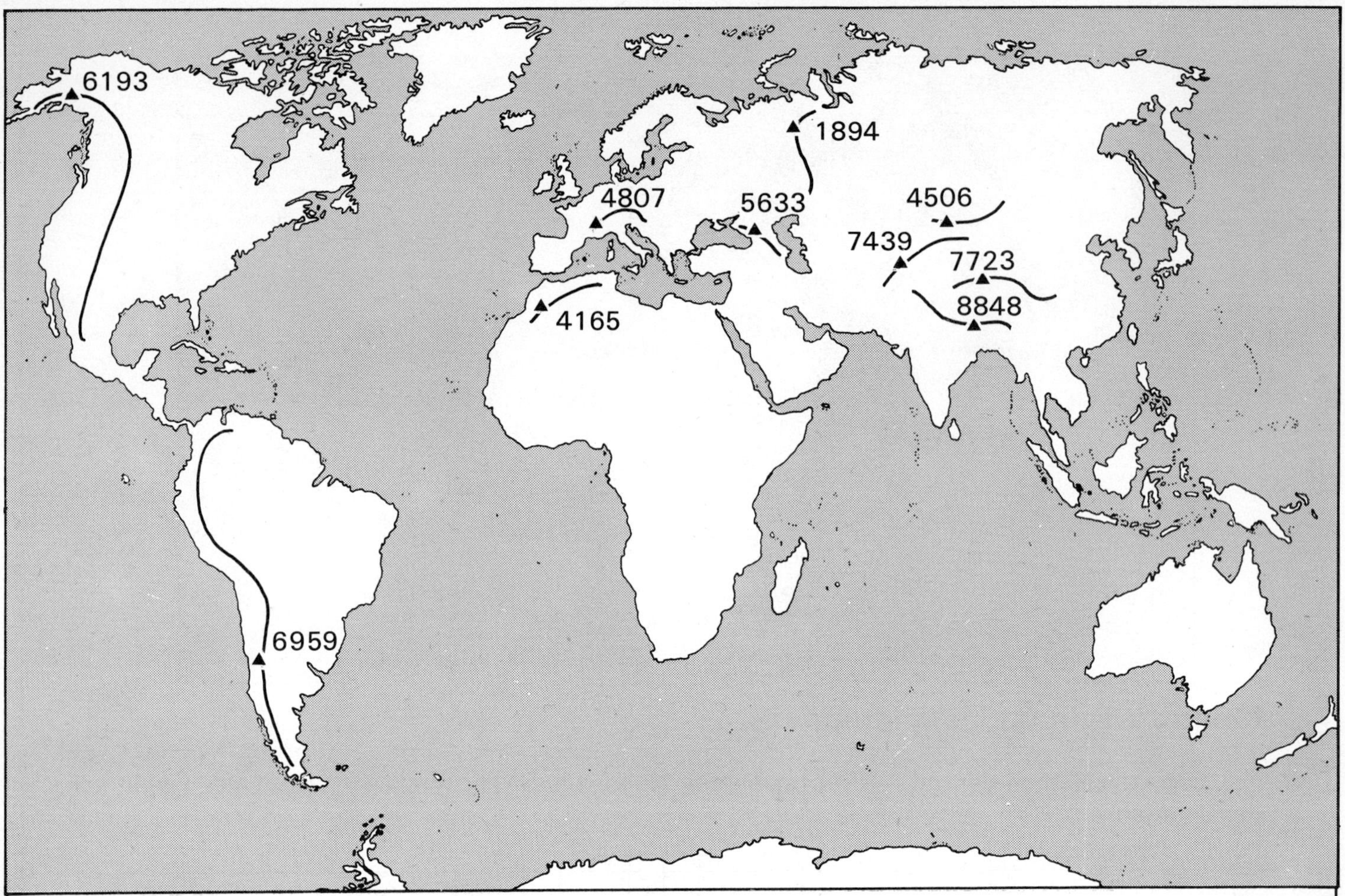


## Gebirge

**9** * a) Die Karte zeigt zehn wichtige Gebirge mit ihren höchsten Erhebungen. Fülle die Tabelle aus wie im vorgegebenen Beispiel:

| Gebirge | Höhe | Kontinent | Gebirge | Höhe | Kontinent |
|---|---|---|---|---|---|
| **Alpen** | 4807 | **Europa** | | 6193 | |
| | 8848 | | | 5633 | |
| | 7723 | | | 4506 | |
| | 7439 | | | 4165 | |
| | 6959 | | | 1894 | |

* b) Fülle die Lücken aus:

– Die höchsten Gebirge der Erde liegen in ____________________.

– Der höchste Berg der Erde heißt ____________________.

– Der Kilimandscharo ist der höchste Berg in ____________________.

– Der Mount MacKinley ist der höchste Berg in ____________________ und der Aconcagua der höchste Berg in ____________________.

– An der Grenze von Europa zu Asien liegen zwei Gebirge. Sie heißen ____________ und ____________________.

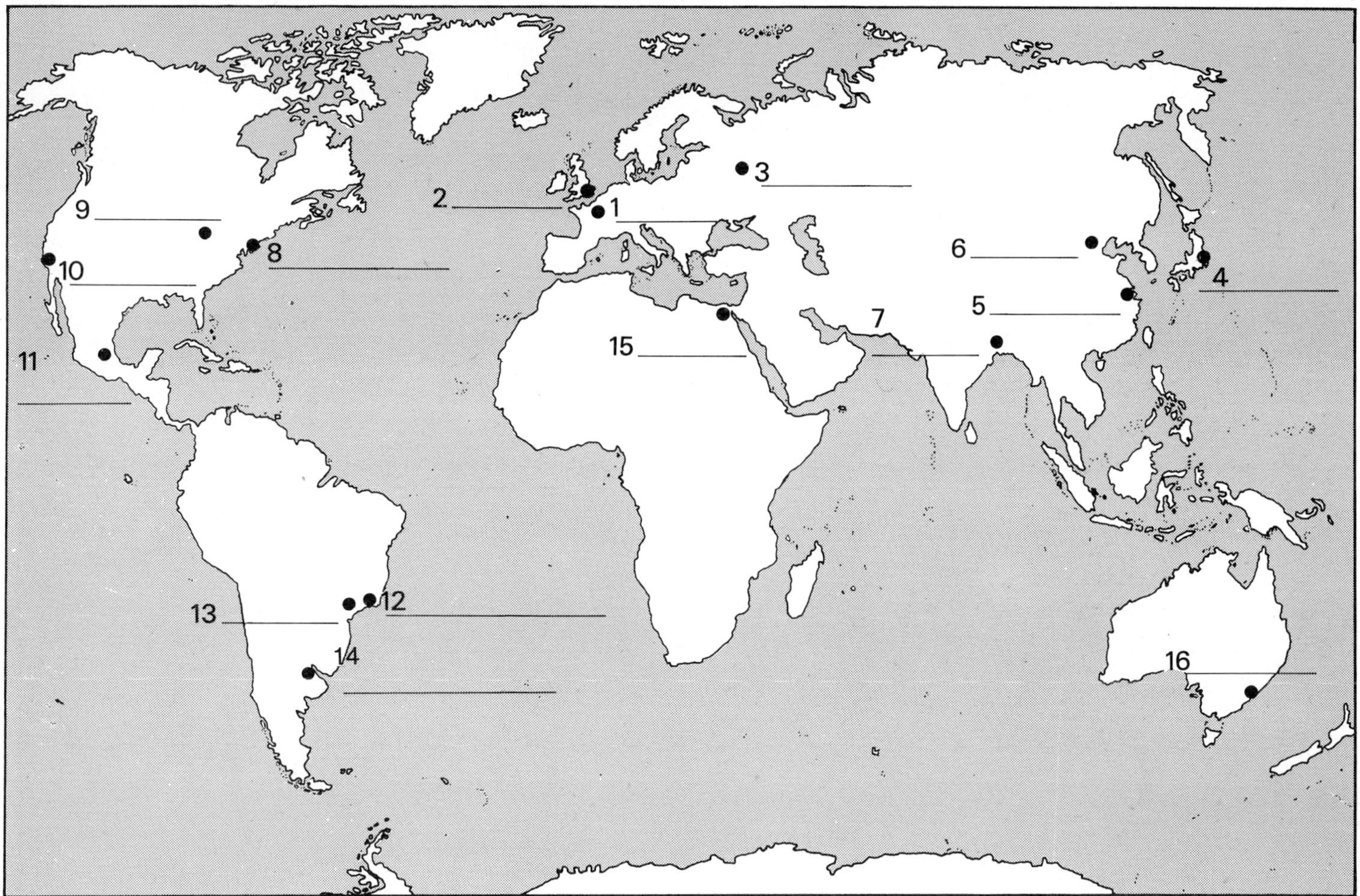


## Weltstädte

**10** * Es gibt auf der Erde über 180 Millionenstädte. Zu den größten gehören: Tokio, New York, Mexiko, Schanghai, Buenos Aires, São Paulo, Paris, Peking, London, Moskau, Rio de Janeiro, Chicago, Los Angeles, Kalkutta, Kairo und Sydney.
Trage ihre Namen an der richtigen Stelle ein.

**11** Schreibe in die Kästchen den Namen der Hauptstadt von:

| | | |
|---|---|---|
| 1 China | 4 Großbritannien | 7 Argentinien |
| 2 Frankreich | 5 Ägypten | 8 USA |
| 3 Italien | 6 Sowjetunion | 9 Japan |

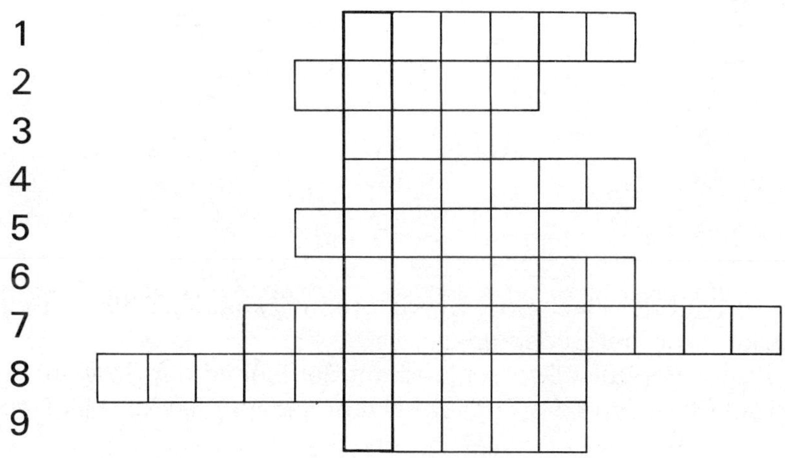


Als Lösungswort ergibt sich eine Einrichtung der meisten Hauptstädte.

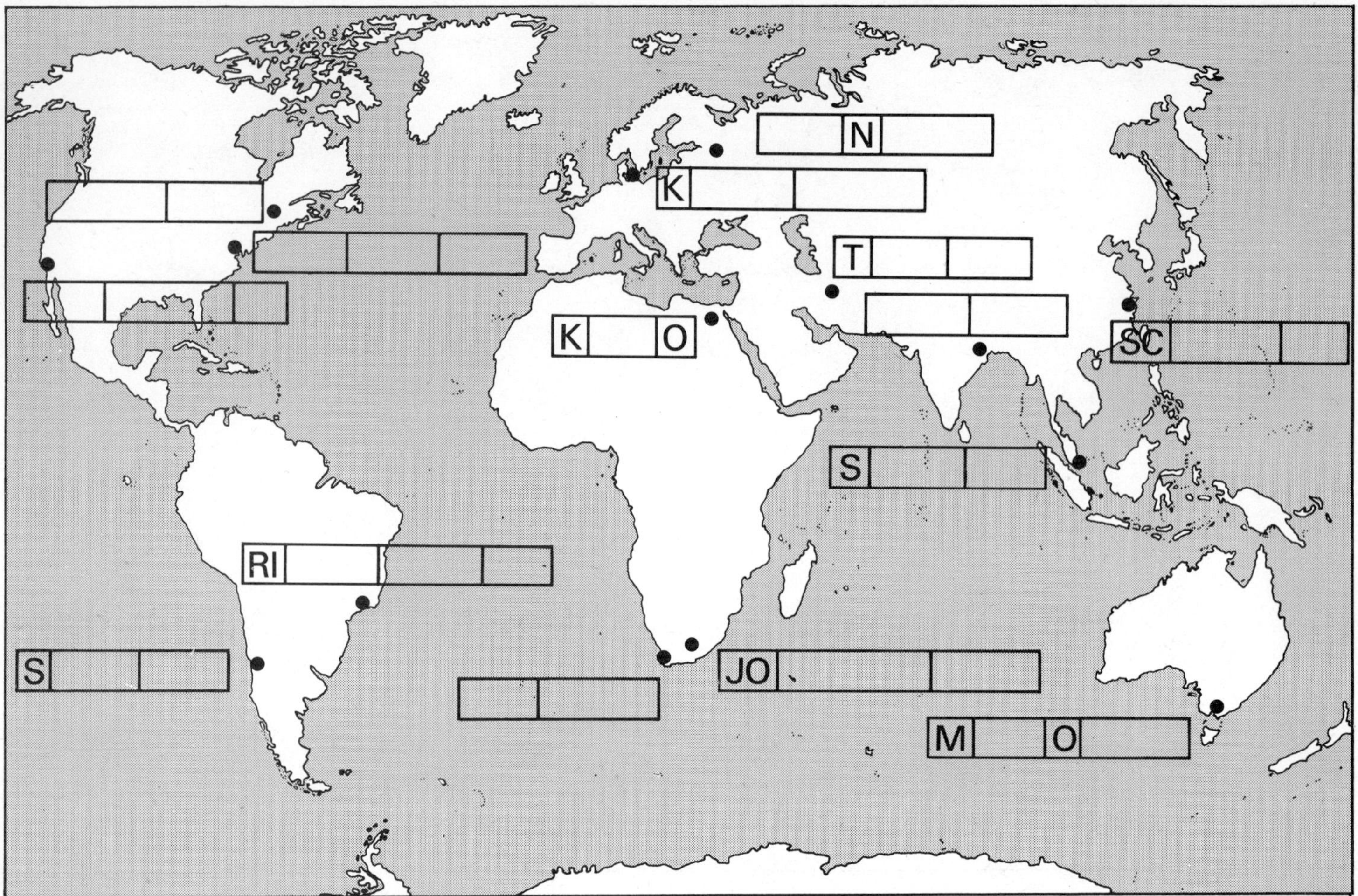


**12** * Jedes Kästchen in der Karte oben steht für eines der folgenden Wörter. Setze ein:

AIR GRAD JANE PUR ANGEL HAGEN KALK RAN ANTI HAI KAP REAL
AGO HANG LENI STADT BURG HANNES LOS TON EHE HING MONT
URNE ELB INGA ODE UTTA ES IRO OPEN WAS

**13** Wahrzeichen großer Städte
Hier werden die Wahrzeichen von Athen, London, Moskau, New York, Paris, Rio de Janeiro, Rom und Wien genannt. Schreibe den Städtenamen dahinter:

Petersdom in ____________________

Eiffelturm in ____________________

Freiheitsstatue in ____________________

Akropolis in ____________________

Stephansdom in ____________________

Tower in ____________________

Zuckerhut in ____________________

Kreml in ____________________

## Staaten

**14** *a) Vergleiche (mit Hilfe der Tabellen auf Seite 9 und Seite 1):

1. Die Fläche Europas mit der Fläche der Sowjetunion, Kanadas, Chinas und der USA.
2. Die Fläche Brasiliens mit der Südamerikas.
3. Die Fläche der Bundesrepublik Deutschland mit der Fläche der Sowjetunion.
4. Die Einwohnerzahl Chinas mit der Einwohnerzahl der Bundesrepublik Deutschland.

| Die Staaten mit der größten Flächen sind: | | Die Staaten mit den meisten Einwohnern sind: | |
|---|---|---|---|
| Sowjetunion | 22 000 000 km² | China | rd. 900 000 000 Einw. |
| Kanada | 10 000 000 „ | Indien | 638 000 000 „ |
| China | 9 600 000 „ | Sowjetunion | 262 000 000 „ |
| USA | 9 400 000 „ | USA | 220 000 000 „ |
| Brasilien | 8 500 000 „ | Indonesien | 145 000 000 „ |
| Australien | 7 700 000 „ | Brasilien | 115 000 000 „ |
| Indien | 3 300 000 „ | Japan | 115 000 000 „ |
| zum Vergleich: | | zum Vergleich: | |
| Bundesrepublik Deutschland | 250 000 „ | Bundesrepublik Deutschland | 61 000 000 „ |

b) In der Karte sind 20 wichtige Staaten mit Nummern versehen. Schreibe ihre Namen auf und suche ihre Hauptstädte heraus. Verwende dazu eine Staatenkarte (politische Karte) im Atlas.

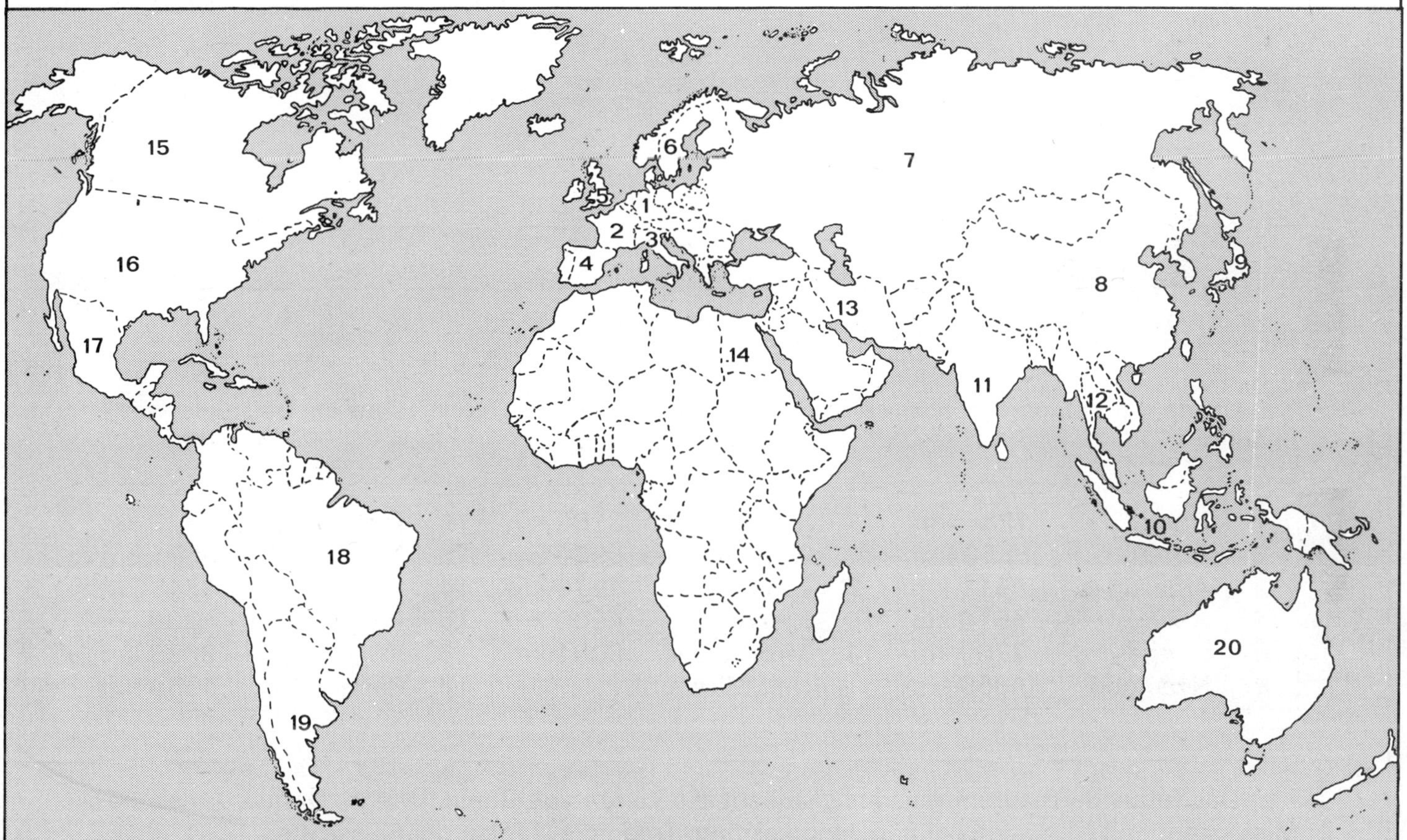


| Staat | Hauptstadt | Staat | Hauptstadt |
|---|---|---|---|
| 1 | | 11 | |
| 2 | | 12 | |
| 3 | | 13 | |
| 4 | | 14 | |
| 5 | | 15 | |
| 6 | | 16 | |
| 7 | | 17 | |
| 8 | | 18 | |
| 9 | | 19 | |
| 10 | | 20 | |

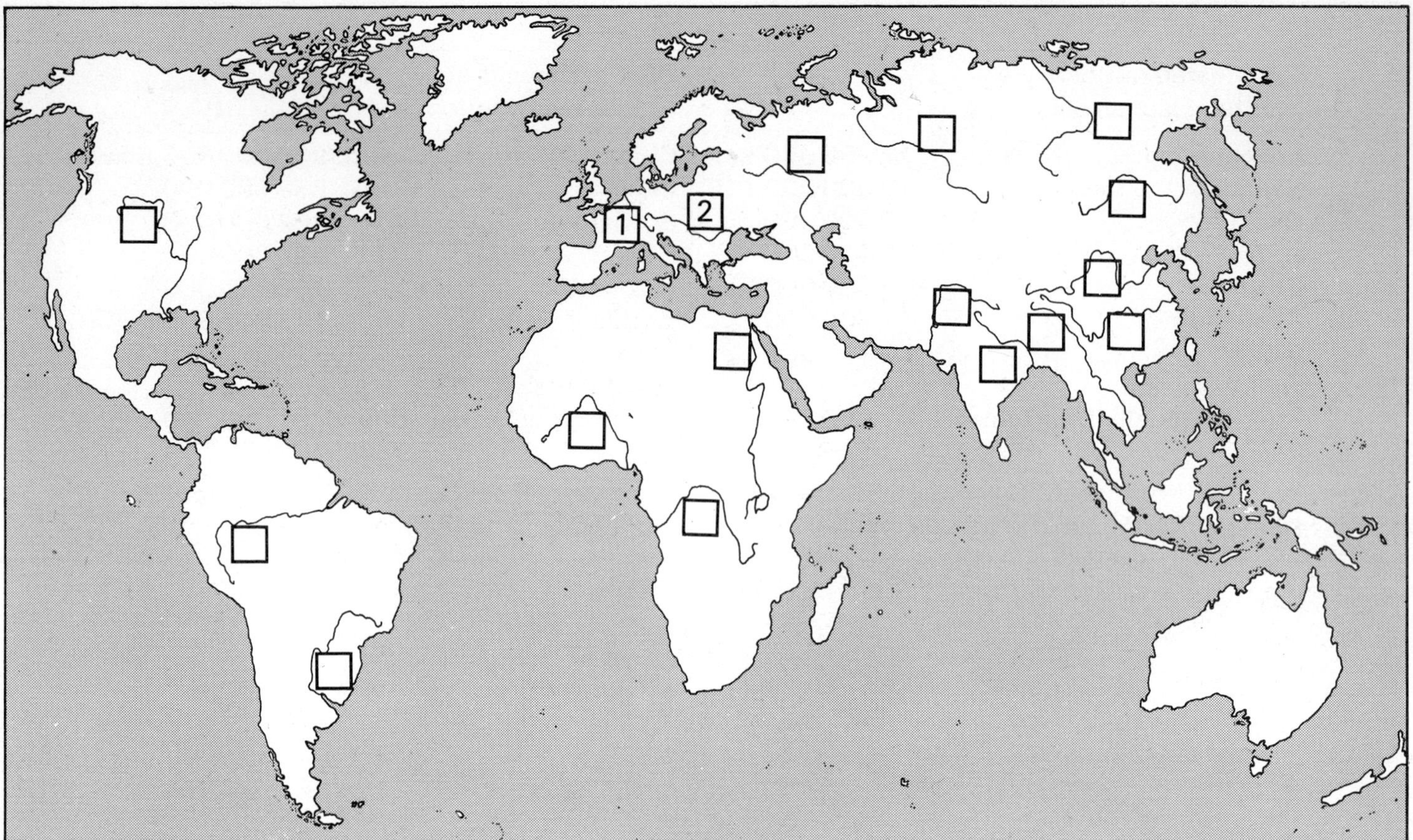


## Flüsse

**15** * a) Ordne die Zahlen den Flüssen in der Karte zu. Rhein und Donau sind als Beispiele vorgegeben.

| | | | | | | | | |
|---|---|---|---|---|---|---|---|---|
| **1** | **Rhein** | **1236 km** | 7 | Indus | 3180 km | 12 | Niger | 4160 km |
| **2** | **Donau** | **2850 km** | 8 | Jangtsekiang | 5980 km | 13 | Nil | 6671 km |
| 3 | Amazonas | 6518 km | 9 | Lena | 4270 km | 14 | Ob | 4345 km |
| 4 | Amur | 4510 km | 10 | Mekong | 4500 km | 15 | Paraná | 4700 km |
| 5 | Ganges | 2700 km | 11 | Mississippi | 6051 km | 16 | Wolga | 3688 km |
| 6 | Hwangho | 4850 km | | (mit Missouri) | | 17 | Zaire | 4650 km |

* b) Das folgende Diagramm veranschaulicht die Länge von Rhein, Wolga, Donau, Amazonas, Mississippi (mit Missouri), Nil und Jangtsekiang. Trage die Namen der Flüsse ein.

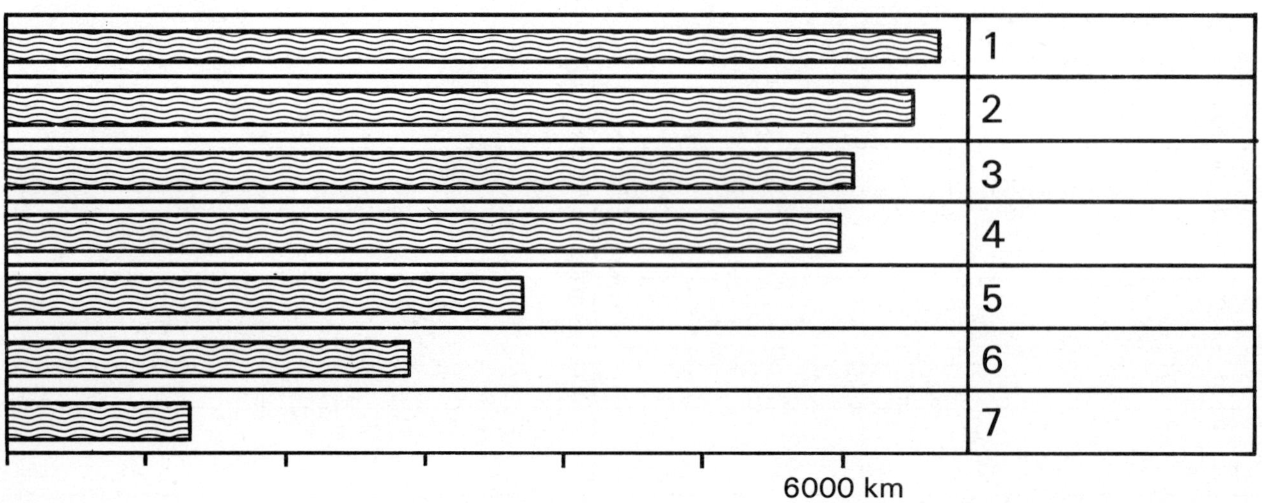

* c) Fülle die Lücken aus:
- Längster Fluß der Erde ist der ________.
- Längster Fluß in Südamerika ist der ________.
- Der Nil ist etwa ___ mal länger als der Rhein.
- Längster Fluß Europas ist die ________.
- Die beiden größten Städten an der Donau sind ________ und ________.
- Die Donau mündet in das ________.
- Der Nil mündet in das ________.
- Kairo liegt am ________.
- Durch die USA fließt der ________.
- Die Wolga fließt durch die ________ und mündet in das ________.
- Hwangho und Jangtsekiang fließen durch ________.

* d) Welche großen Ströme fließen hauptsächlich durch den tropischen Regenwald? Beachte die Zeichenerklärung zu der beigelegten Weltkarte.
- In Südamerika der ________, in Afrika der ________.

* e) Unterstreiche die Flüsse, die vor allem durch Wüsten oder Halbwüsten fließen:
Ob, Nil, Mississippi, Zaire, Niger, Amazonas, Ganges.

## Verschiedene Rätsel

16 * Interpol sucht internationale Gangster
Der Maffiaboß Al Capone wurde zuletzt in Paris gesehen, wo er eine Karte mit den Städten, in die er fliehen will, verlor. Man weiß nur, daß er immer als nächstes in die Stadt reist, deren Anfangsbuchstabe mit dem Endbuchstaben der letzten Stadt übereinstimmt. Kannst du seinen Fluchtweg und sein Ziel herausfinden?

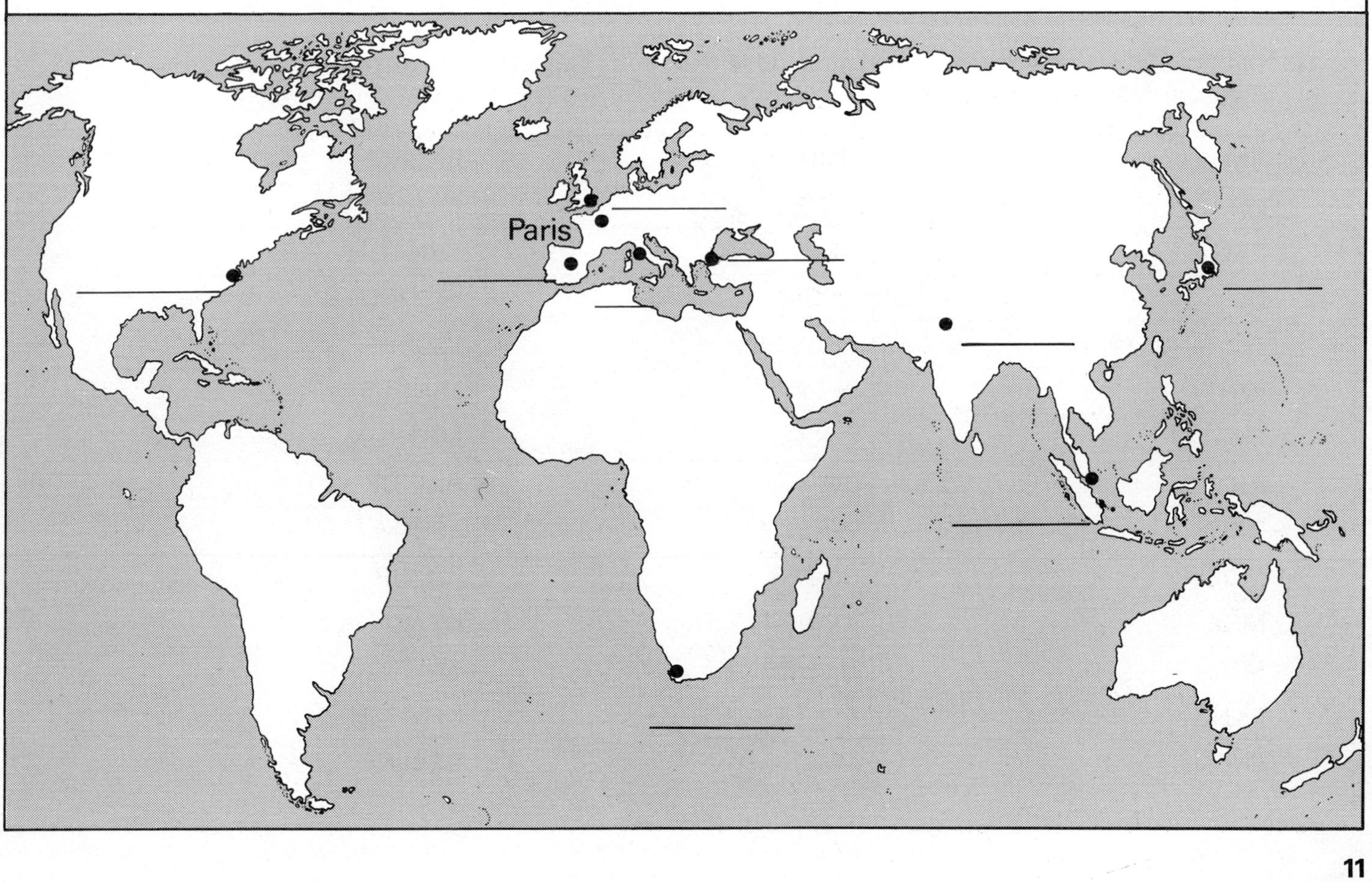

**17** Städteschnecke

In die Felder sind in Pfeilrichtung Namen von Städten einzutragen, wobei immer der Endbuchstabe einer Stadt zugleich Anfangsbuchstabe der nächsten ist. Zur Hilfe sind diese gemeinsamen Buchstaben bereits vorgegeben.

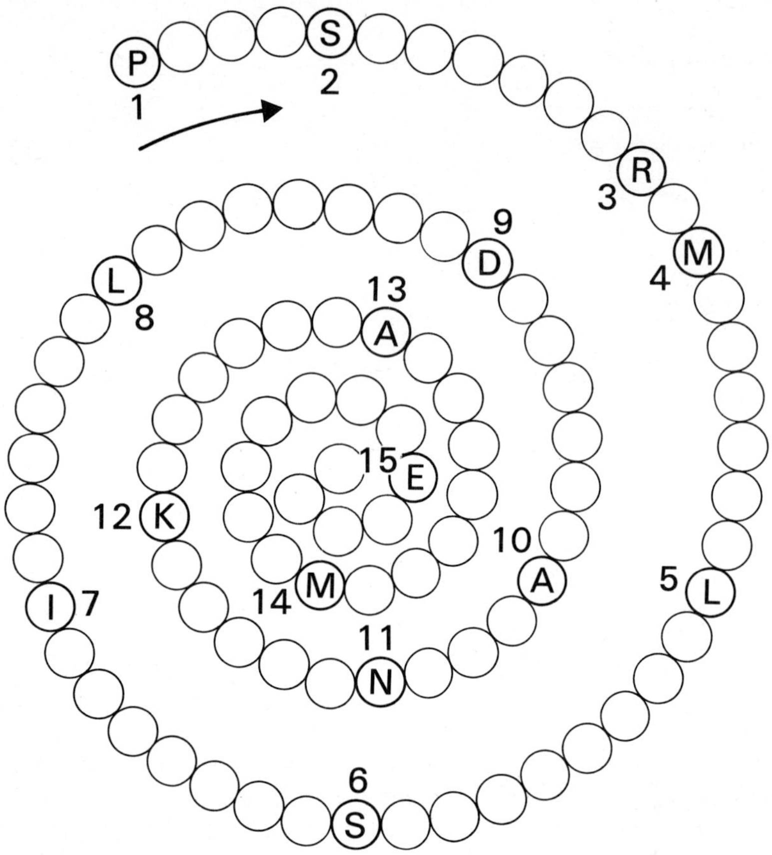


1 Westeuropäische Hauptstadt
2 Hafen in Asien
3 Stadt in Italien
4 Stadt in Kanada
5 Stadt in den USA
6 Stadt in China
7 Stadt am Schwarzen Meer
8 Ostseehafen
9 Hauptstadt in Südostasien
10 Südeuropäische Hauptstadt
11 Sitz der Vereinten Nationen
12 Stadt in Indien
13 Stadt in den Niederlanden
14 Australische Stadt
15 Größte Stadt im Ruhrgebiet

**18** Die Vokale aus den Städtenamen sind verschwunden. Kannst du sie trotzdem erkennen?
Beispiel: MNCHN = München.

| | | |
|---|---|---|
| RM | LNNGRD | BNSRS |
| LM | STNBL | MLBRN |
| PRG | NPL | SCHNGH |
| DLH | BNGKK | WSHNGTN |
| TK | CRCS | LSSBN |
| WN | THRN | LSNGLS |
| PRS | CHCG | MSTRDM |
| KR | BGT | BDPST |
| BRLN | WRSCH | JRSLM |
| MDRD | SNGPR | RDJNR |
| MSK | KPSTDT | MLND |
| MNL | HMBRG | SNFRNCSC |
| PKNG | KLKTT | KPNHGN |
| LNDN | THN | CSBLNC |

**19** Städte aus aller Welt

1 Hauptstadt von Griechenland
2 Hauptstadt von Thailand
3 Hafenstadt in Süditalien
4 Hafenstadt am Bosporus
5 Hafenstadt und Stadtstaat in Südostasien
6 Hauptstadt von Venezuela
7 Größte Stadt in Kanada
8 Größte Stadt in Indien
9 Größte Stadt in Marokko
10 Hafenstadt in Südafrika
11 Hauptstadt der Sowjetunion
12 Hauptstadt von Rumänien
13 Hauptstadt von Indonesien
14 Hauptstadt der USA
15 Hauptstadt der Niederlande
16 Hauptstadt von Frankreich
17 Hauptstadt der Tschechoslowakei
18 Größte Stadt in Südafrika
19 Hafenstadt an der Westküste Indiens
20 Hafenstadt an der Westküste der USA
21 Hauptstadt von Dänemark
22 Russische Hafenstadt an der Ostsee
23 Hauptstadt von Polen
24 Hauptstadt von Israel
25 Größte Stadt in Norditalien
26 Größte Stadt im Westen der USA
27 Größte Stadt in Hessen
28 Hauptstadt von Ägypten
29 Hauptstadt der Türkei
30 Hauptstadt von Spanien
31 Hauptstadt von Brasilien
32 Hauptstadt von Peru
33 Hauptstadt des Irak
34 Hauptstadt des Iran
35 Hafenstadt in Brasilien
36 Hafenstadt in China
37 Hauptstadt von Argentinien
38 Größte Stadt auf den Philippinen
39 Hauptstadt von Portugal
40 Ungarische Hauptstadt
41 Größte Stadt in Schottland
42 Hauptstadt von Nigeria
43 Hauptstadt von Algerien
44 Hauptstadt von Chile
45 Hafenstadt in Japan
46 Größte Stadt Pakistans
47 Stadt in den USA
48 Hauptstadt von Kolumbien
49 Hauptstadt von Baden-Württemberg
50 Größte europäische Hafenstadt

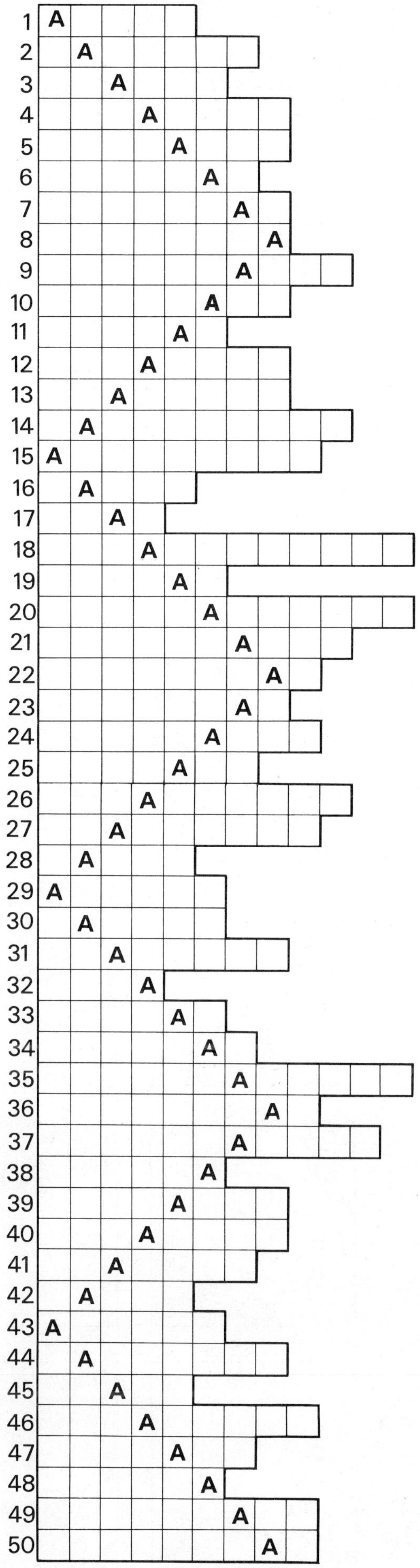

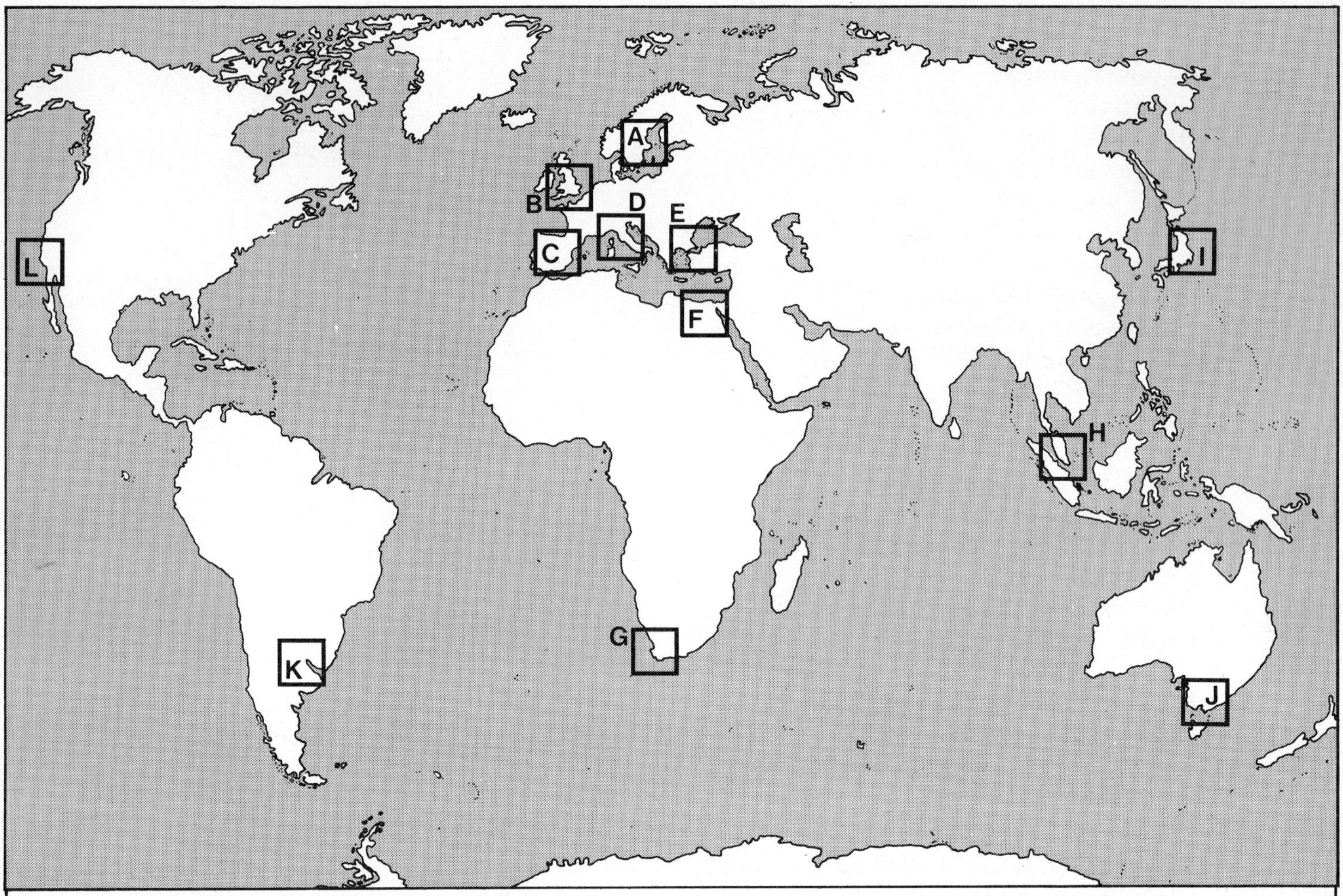


**20** * In den Zeichnungen unten ist die Umgebung von 12 großen Städten vergrößert gezeichnet. Setze zu jedem Buchstaben in der Karte oben die zugehörige Zahl. Schreibe in die Kartenskizzen unten die Namen der Städte.

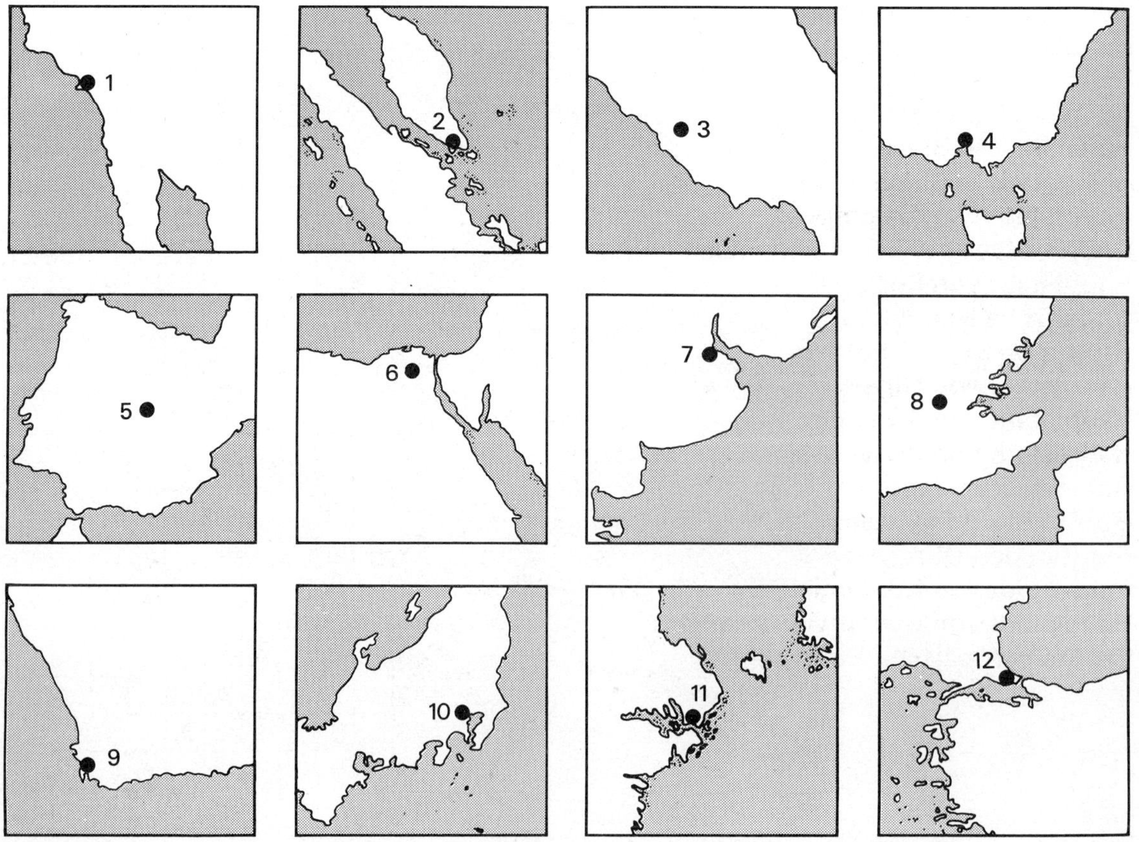

**21** In dem Buchstabengewirr verbergen sich die Namen von 41 Haupt- oder Millionenstädten. Die Buchstaben verlaufen vorwärts, rückwärts, nach oben und unten oder im Kreis, aber immer entlang den vorgezeichneten Verbindungslinien.

Übrigens: **Jeder** Buchstabe gehört zu einem Städtenamen. Manche Buchstaben gehören auch zu mehreren Städtenamen.

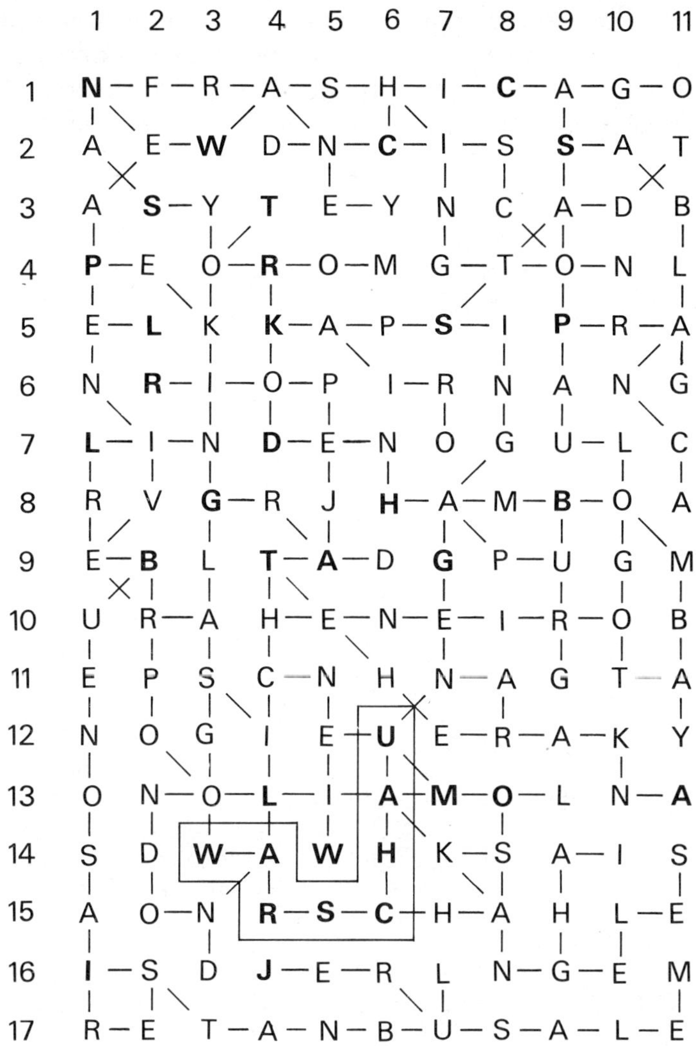

(ue = ü)

Schreibe die Namen der Städte auf:

____________________________________________

____________________________________________

____________________________________________

____________________________________________

____________________________________________

____________________________________________

____________________________________________

____________________________________________

____________________________________________

____________________________________________

**22** * Zu den folgenden 15 Fragen sind immer drei mögliche Antworten gegeben, von denen aber immer nur eine richtig ist. Schreibe die bei der richtigen Antwort stehenden Buchstaben in die Kästchen, so wie im vorgegebenen Beispiel. Wenn du alles richtig gelöst hast, geben die Buchstaben (von oben nach unten gelesen) einen Bestandteil des Stadtkerns an und ein Gebiet, in dem keine Autos fahren dürfen.

1 Wie heißt die Hauptstadt der U.S.A.?
Chicago L I – New York U F – Washington E F
2 Welcher Berg liegt in Afrika?
Aconcagua N E – Kilimandscharo I U – Mount Everest O R
3 Wie heißt der größte See der Erde?
Kaspisches Meer N S – Nordsee S H – Victoriasee E R
4 Das Hochgebirge in Südamerika heißt
Altai S T – Anden K S – Atlas I L
5 Eine Wüste in Asien heißt
Atacama N L – Gobi A G – Sahara U U
6 Das Meer zwischen Afrika und Arabien heißt
Arabisches Meer N O – Mittelmeer N M – Rotes Meer U A
7 Der längste Fluß Europas ist
Donau G F – Rhein I E – Wolga F E
8 Zu den Sunda-Inseln gehört
Borneo S N – Ceylon R S – Neuseeland E A
9 Durch die Wüste fließt
Amazonas R U – Ganges N L – Nil Z G
10 Größte Insel der Erde ist
Grönland E E – Madagaskar F S – Neuguinea T N
11 Halbinsel in Nordamerika ist
Alaska N R – Feuerland A C – Neufundland U G
12 Ein Gebirge an der Grenze von Europa zu Asien heißt
Kaukasus T Z – Kuenlun L H – Tienschan M F
13 Eine Stadt in Australien ist
Madras S I – Singapur U E – Sydney R O
14 Das Land mit den meisten Einwohnern ist
China U N – Indien C R – Japan N H
15 Ein Fluß in Sibirien heißt
Indus S L – Jenissei M E – Mekong H R

| | |
|---|---|
| E | F |
| | |
| | |
| | |
| | |
| | |
| | |
| | |
| | |
| | |
| | |
| | |
| | |
| | |
| | |

**23** * Silbenrätsel
Aus folgenden Silben lassen sich geographische Namen bilden:
a – a – a – ant – ark – ber – bet – bi – bi – bor – bra – de – dor – dus – en – en – eu – gen – go – ha – hai – in – ja – ka – ky – la – land – las – lo – meer – moun – ne – nei – neu – o – o – os – phrat – ra – ra – ri – ri – ro – ro – roc – sa – schan – schang – see – see – spitz – tains – tes – ti – ti – tis – to – vic.
Ein Tip: Streiche die Silben durch, die du bereits gebraucht hast!

1 Inselgruppe im Nordmeer ______________________

2 Gebirge in Innerasien ______________________

3 Nebenmeer des Indischen Ozean ______________________

4 Halbinsel im Nordwesten Nordamerikas ______________________

5 Hafenstadt in Ostasien ______________________

6 Wüste in Nordafrika ______________________

7 Fluß in Vorderasien ______________________

8 See in Afrika ______________________

(Fortsetzung auf der nächsten Seite)

9 Stadt in Nordeuropa ______

10 Zwei große Inseln im Südosten von Australien ______

11 Wüste in Innerasien ______

12 Fluß in Vorderasien ______

13 Große Sundainsel ______

14 Stadt in Südamerika ______

15 Halbinsel in Vorderasien ______

16 Halbinsel im Nordosten Nordamerikas ______

17 Hochland in Innerasien ______

18 Kontinent ______

19 Gebirge in Nordamerika ______

Bei richtiger Lösung nennen die Anfangsbuchstaben eine Meerenge:

______

**24** *

a) Kreuze an!

| | Stadt | Fluß | Gebirge | Wüste | Europa | Afrika | Asien | Australien | Nordamerika | Südamerika | Antarktis |
|---|---|---|---|---|---|---|---|---|---|---|---|
| 1 Chicago | | | | | | | | | | | |
| 2 Mekong | | | | | | | | | | | |
| 3 Atlas | | | | | | | | | | | |
| 4 Wolga | | | | | | | | | | | |
| 5 Sahara | | | | | | | | | | | |
| 6 Lima | | | | | | | | | | | |
| 7 Altai | | | | | | | | | | | |
| 8 Manila | | | | | | | | | | | |
| 9 Melbourne | | | | | | | | | | | |
| 10 Ganges | | | | | | | | | | | |
| 11 Prag | | | | | | | | | | | |
| 12 Montreal | | | | | | | | | | | |
| 13 Ob | | | | | | | | | | | |
| 14 Casablanca | | | | | | | | | | | |
| 15 Bagdad | | | | | | | | | | | |
| 16 Gobi | | | | | | | | | | | |
| 17 Caracas | | | | | | | | | | | |
| 18 Lena | | | | | | | | | | | |

b) Wo leben diese Tiere?

Kreuze an!

| | Europa | Afrika | Asien | Austral. | Nordamerika | Südamerika | Antarktis |
|---|---|---|---|---|---|---|---|
| Löwe | | | | | | | |
| Tiger | | | | | | | |
| Jaguar | | | | | | | |
| Elefant | | | | | | | |
| Antilopen | | | | | | | |
| Bison | | | | | | | |
| Elch | | | | | | | |
| Flußpferd | | | | | | | |
| Zebra | | | | | | | |
| Giraffe | | | | | | | |
| Grizzlybär | | | | | | | |
| Känguruh | | | | | | | |
| Schimpanse | | | | | | | |
| Gorilla | | | | | | | |
| Klapperschlange | | | | | | | |
| Kondor | | | | | | | |
| Kolibris | | | | | | | |
| Kaiserpinguin | | | | | | | |

**25** * Kreuzworträtsel „große Städte"

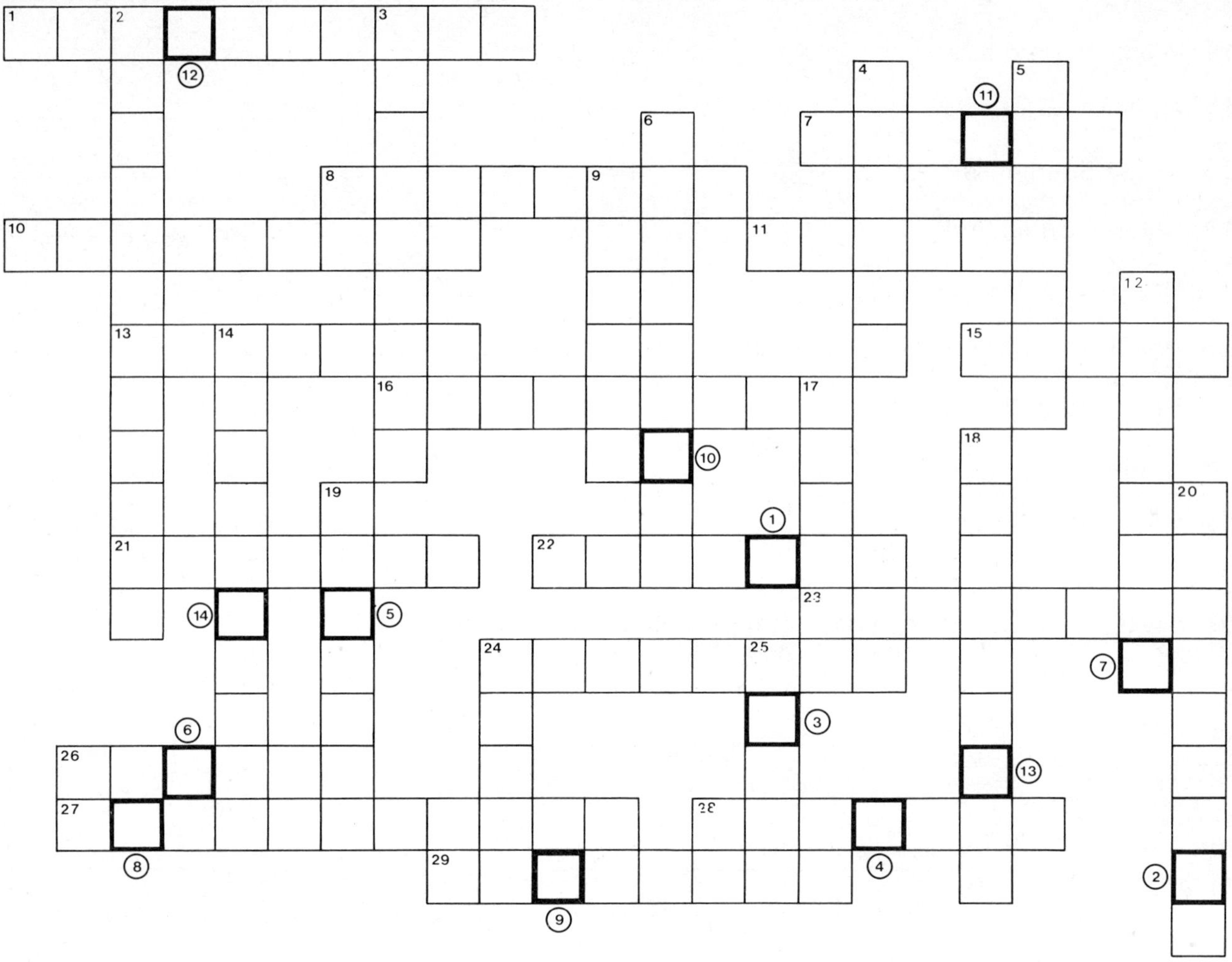

**waagerecht →**

1 Größte Stadt im Westen der USA
7 Hafenstadt in Indien
8 Hauptstadt von Portugal
10 Hafenstadt in Spanien
11 Chinesische Hauptstadt
13 Größte Stadt der USA
15 Hauptstadt von Japan
16 Hauptstadt der Niederlande
21 Stadt im Norden der USA
22 Größter deutscher Hafen
23 Größte Stadt in der Türkei
24 Hafenstadt in Südafrika
26 Hauptstadt von Kolumbien
27 Hauptstadt von Argentinien
28 Hauptstadt des Iran
29 Britischer Hafen in Ostasien

**senkrecht ↓**

2 Hafenstadt im Westen der USA
3 Russische Hafenstadt an der Ostsee
4 Hauptstadt der Sowjetunion
5 Hauptstadt von Thailand
6 Größter europäischer Hafen
9 Deutsche Hafenstadt an der Weser
12 Stadtstaat in Südostasien
14 Hauptstadt der USA
17 Spanische Hauptstadt
18 Chinesische Hafenstadt
19 Hauptstadt von Venezuela
20 Hafenstadt in Australien
24 Größte Stadt Afrikas
25 Griechische Hauptstadt

Die Buchstaben in den umrandeten Feldern nennen ein Verkehrsmittel in großen Städten.

| 1 | 2 | 3 | 4 | 5 | 6 | 7 | 8 | 9 | 10 | 11 | 12 | 13 | 14 |
|---|---|---|---|---|---|---|---|---|---|---|---|---|---|
| | | | | | | | | | | | | | |

**26** * Kreuze an!

| | südlich des Äquators | nördlich des Äquators |
|---|---|---|
| Kilimandscharo | | |
| Java | | |
| Amazonas | | |
| Bogotá | | |
| Nairobi | | |
| Singapur | | |
| Neuguinea | | |
| Ceylon | | |
| Caracas | | |
| Lima | | |
| Kinshasa | | |

**27** * Städtetoto

Welche Stadt liegt nördlicher? Schreibe 1 oder 2 in das Kästchen. Wenn beide Städte auf gleicher Breite liegen, trage eine 0 ein.

| 1 | 2 | |
|---|---|---|
| Chicago | Berlin | |
| Paris | Peking | |
| München | New York | |
| San Francisco | Athen | |
| New Orleans | Kairo | |
| Rom | Teheran | |
| Madrid | Tokio | |
| Washington | Mailand | |
| Bombay | Mexiko | |
| Caracas | Bangkok | |
| Buenos Aires | Sydney | |

**28** Hier stimmt etwas nicht!

Die Karte enthält an acht Stellen grobe Fehler. Kreuze sie an und erkläre kurz, was hier falsch gemacht wurde.

1 ____________________

2 ____________________

3 ____________________

4 ____________________

5 ____________________

6 ____________________

7 ____________________

8 ____________________

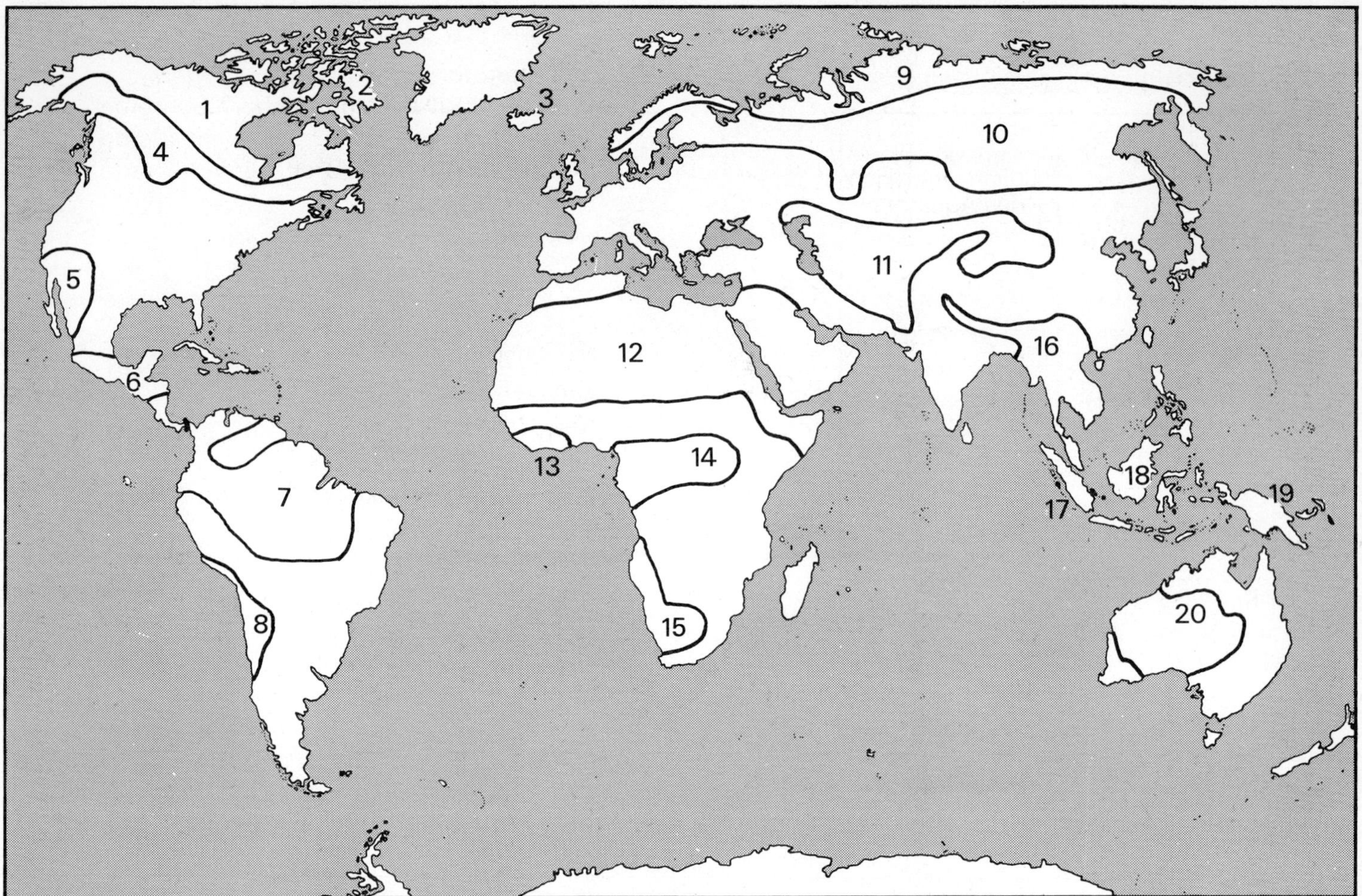


## Landschaftszonen

**29** * Male die mit Zahlen bezeichneten Flächen farbig aus. Verwende dazu folgende Farben:

gelb für die Wüsten
hellgrün für die tropischen Regenwälder
dunkelgrün für die Nadelwälder
braun für die Tundren

Nimm die beigelegte Weltkarte als Hilfe!

**30** * Kreuze an:

| | Wüste | Regenwald | Nadelwald | Tundra | Europa | Afrika | Asien | Australien | Nordamerika | Südamerika | Antarktis |
|---|---|---|---|---|---|---|---|---|---|---|---|
| 1 Borneo | | | | | | | | | | | |
| 2 Sibirien | | | | | | | | | | | |
| 3 Sahara | | | | | | | | | | | |
| 4 Sumatra | | | | | | | | | | | |
| 5 Atacama | | | | | | | | | | | |
| 6 Arabien | | | | | | | | | | | |
| 7 Kongo-Becken | | | | | | | | | | | |
| 8 Island | | | | | | | | | | | |
| 9 Neuguinea | | | | | | | | | | | |
| 10 Namib | | | | | | | | | | | |
| 11 Amazonas-Gebiet | | | | | | | | | | | |
| 12 Gobi | | | | | | | | | | | |

**31** * Verbessere die im Text enthaltenen Fehler. Streiche das Falsche durch und schreibe dahinter, wie es richtig heißen muß.

a) Tundren gibt es nur auf der Südhalbkugel. ____________________

b) In Australien gibt es keine Wüste. ____________________

c) Der Nil fließt durch den Regenwald. ____________________

d) Die Atacama ist eine Wüste in Afrika. ____________________

e) Das Ural-Gebirge liegt im tropischen Regenwald. ____________________

f) In Alaska gibt es Wüsten und tropischen Regenwald. ____________________

g) In der Umgebung von Manaus ist Nadelwald. ____________________

h) Die Gobi ist die größte Wüste der Erde. ____________________

i) Das größte Regenwaldgebiet liegt im Kongo-Becken. ____________________

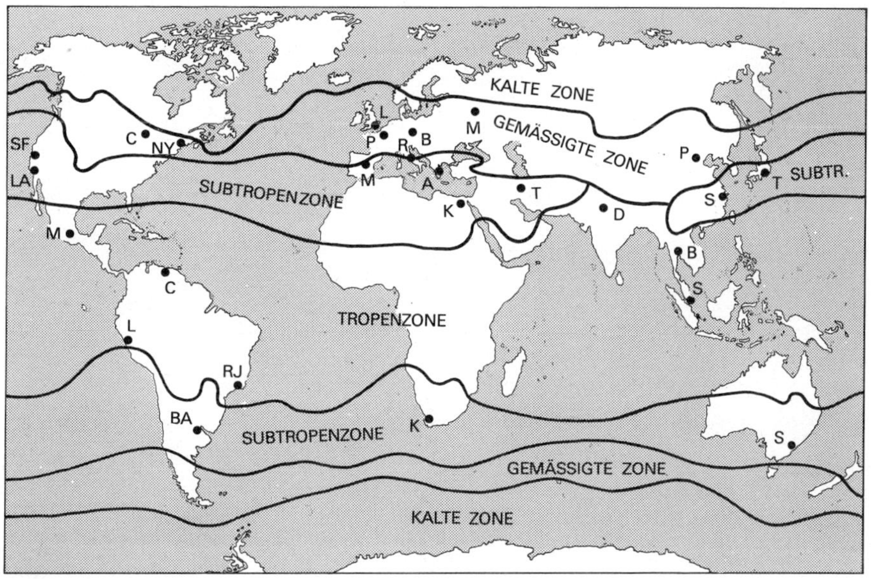


## Temperaturzonen

**32** * a) Kreuze an:

| | Tropen | Subtropen | Gemäßigte Z. | Kalte Zone |
|---|---|---|---|---|
| 1 Island | | | | |
| 2 Neuguinea | | | | |
| 3 Kuba | | | | |
| 4 Grönland | | | | |
| 5 Feuerland | | | | |
| 6 Neufundland | | | | |
| 7 Sumatra | | | | |
| 8 Madagaskar | | | | |
| 9 Ceylon | | | | |
| 10 Spitzbergen | | | | |
| 11 Borneo | | | | |
| 12 Philippinen | | | | |
| 13 Antarktis | | | | |
| 14 Alaska | | | | |
| 15 Sibirien | | | | |
| 16 Kongo-Becken | | | | |
| 17 Sahara | | | | |
| 18 Gobi | | | | |
| 19 Amazonas | | | | |
| 20 Kilimandscharo | | | | |

* b) Kreuze an:

| | Tropen | Subtropen | Gemäßigte Z. | Kalte Zone |
|---|---|---|---|---|
| 1 Köln | | | | |
| 2 München | | | | |
| 3 Hamburg | | | | |
| 4 Rom | | | | |
| 5 New York | | | | |
| 6 Tokio | | | | |
| 7 Buenos Aires | | | | |
| 8 Schanghai | | | | |
| 9 Los Angeles | | | | |
| 10 Caracas | | | | |
| 11 Rio de Janeiro | | | | |
| 12 Sydney | | | | |
| 13 Teheran | | | | |
| 14 Paris | | | | |
| 15 Madrid | | | | |
| 16 Kairo | | | | |
| 17 San Francisco | | | | |
| 18 Peking | | | | |
| 19 Singapur | | | | |
| 20 Moskau | | | | |

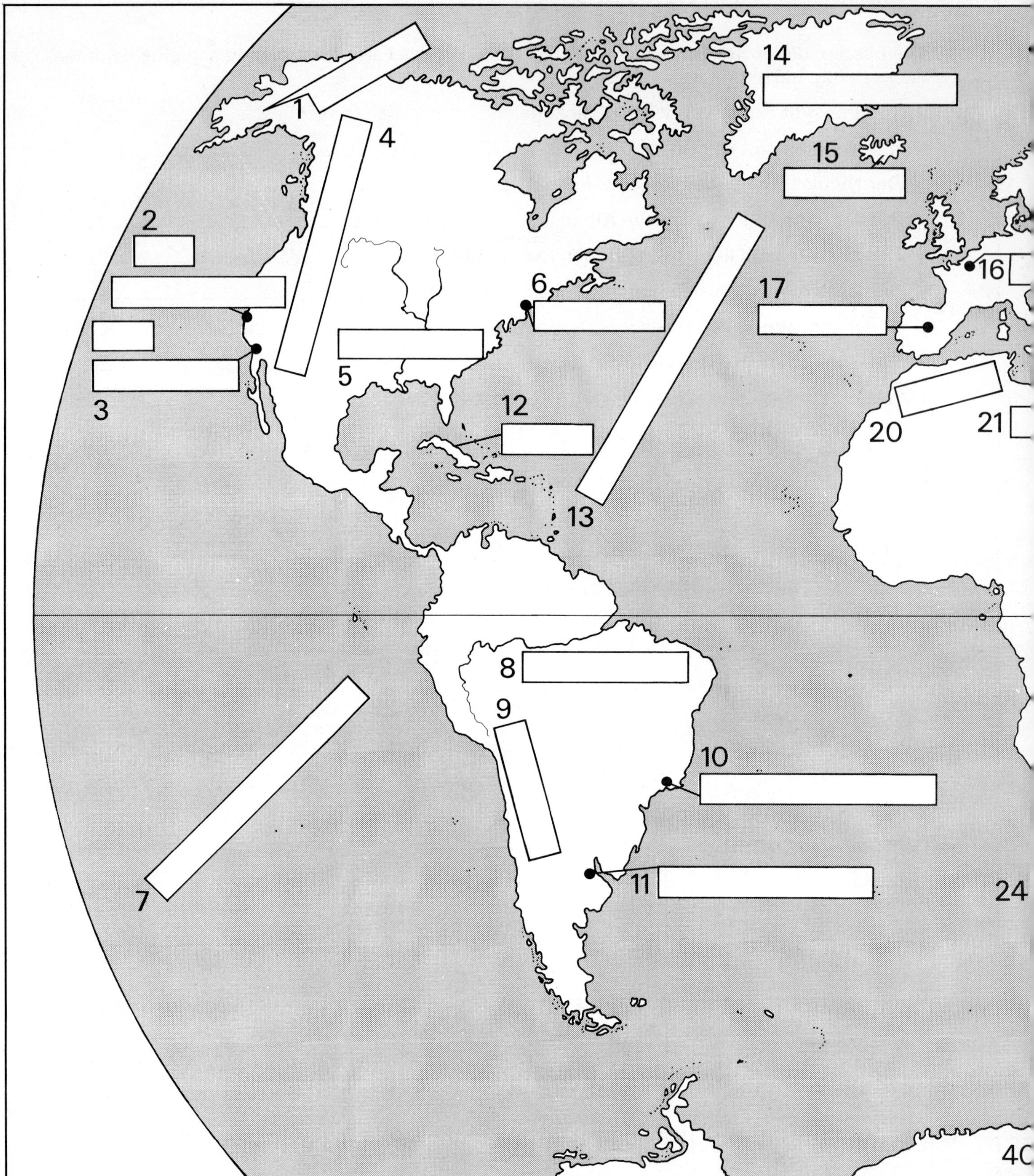


## Testaufgabe

Bei dieser Aufgabe kannst du selbst überprüfen, wieviel du bisher gelernt hast. Versuche sie ohne Hilfe (Karte, Atlas) zu lösen.

**33** Trage an der richtigen Stelle folgende Namen ein:
Atlantischer Ozean – Indischer Ozean – Pazifischer Ozean – Alaska – Amazonas – Anden – Antarktis – Arabien – Atlas – Grönland – Himalaya – Island – Java – Kaspisches Meer –

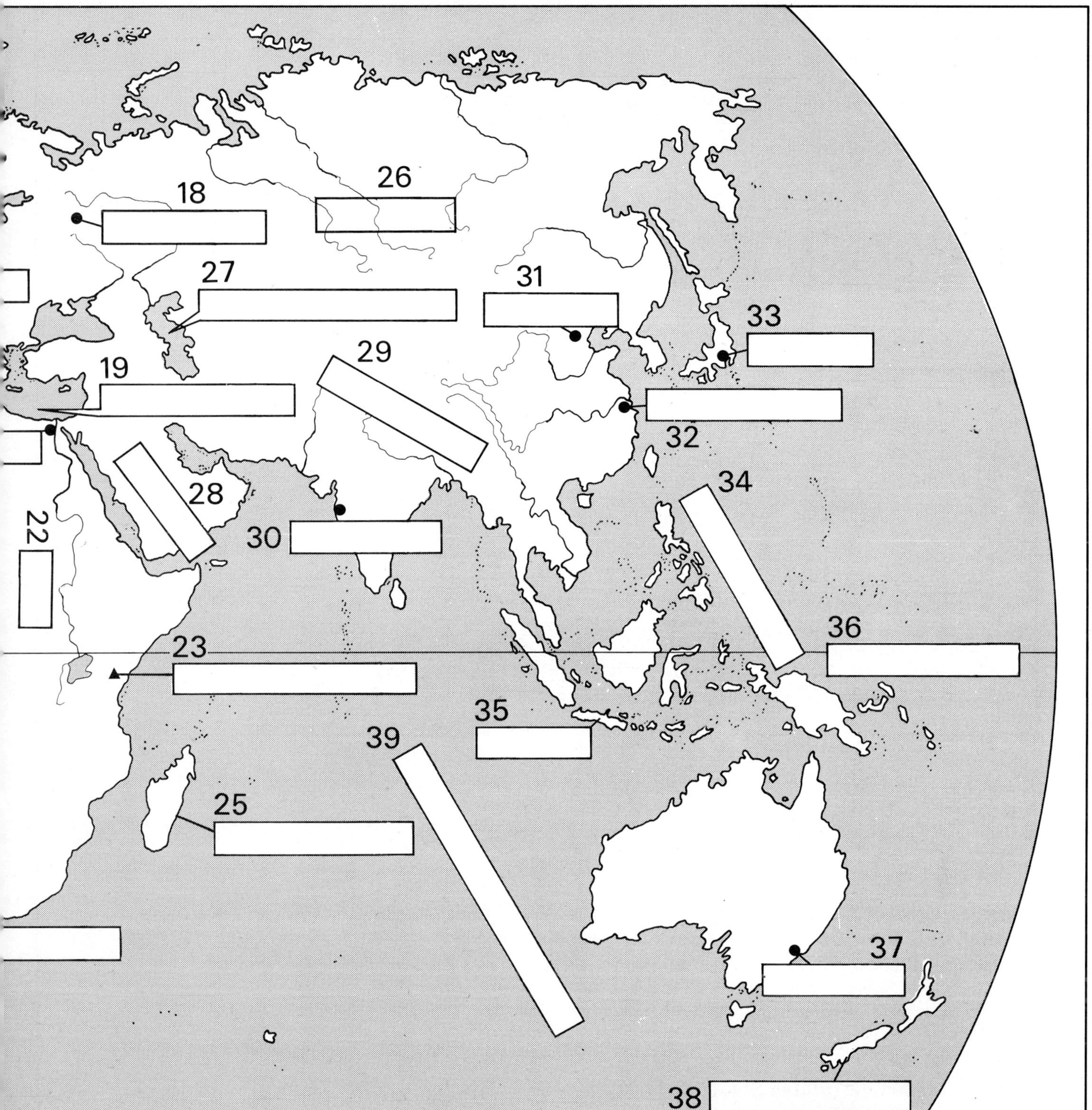


Kilimandscharo – Kuba – Madagaskar – Mississippi – Mittelmeer – Neuguinea – Neuseeland – Nil – Philippinen – Rocky Mountains – Sibirien – Bombay – Buenos Aires – Kairo – Kapstadt – Los Angeles – Madrid – Moskau – New York – Paris – Peking – Rio de Janeiro – San Francisco – Schanghai – Sydney – Tokio.

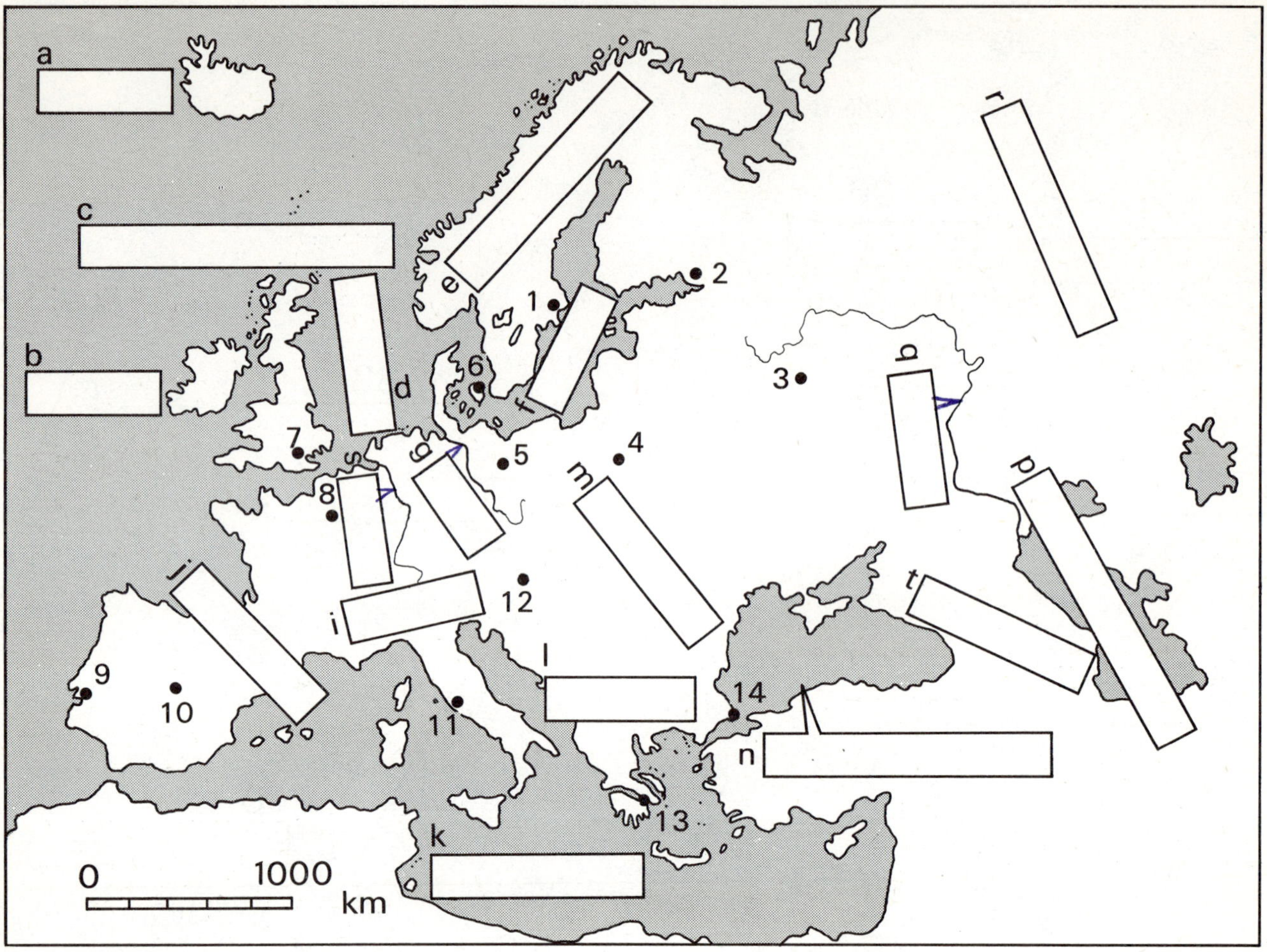


## Europa

**34** * a) Trage an der richtigen Stelle folgende Namen ein:

Alpen – Großbritannien – Nordsee – Rhein – Mittelmeer – Island – Wolga – Kaukasus – Schwarzes Meer – Ostsee – Ural-Gebirge – Kaspisches Meer – Skandinavien – Irland – Elbe – Karpaten – Balkan – Pyrenäen.

Verwende dabei eine Europakarte im Atlas.

* b) Wie heißen die großen Städte (1–14)?

| | |
|---|---|
| 1 ______ | 8 ______ |
| 2 ______ | 9 ______ |
| 3 ______ | 10 ______ |
| 4 ______ | 11 ______ |
| 5 ______ | 12 ______ |
| 6 ______ | 13 ______ |
| 7 ______ | 14 ______ |